盆景

收藏赏玩指南

高生宝 / 编著

新世界出版社
NEW WORLD PRESS

图书在版编目（CIP）数据

盆景 / 高生宝编著 . -- 北京 : 新世界出版社，
2017.12
（收藏赏玩指南）
ISBN 978-7-5104-6438-6

Ⅰ . ①盆… Ⅱ . ①高… Ⅲ . ①盆景—观赏园艺—中国
②盆景—鉴赏—中国 Ⅳ . ① S688.1

中国版本图书馆 CIP 数据核字 (2017) 第 265423 号

盆 景

作　　者：高生宝
责任编辑：张杰楠
责任校对：姜菡筱　宣　慧
责任印制：王宝根　王丙杰
出版发行：新世界出版社
社　　址：北京西城区百万庄大街 24 号（100037）
发 行 部：（010）6899 5968　（010）6899 8705（传真）
总 编 室：（010）6899 5424　（010）6832 6679（传真）
http://www.nwp.cn
http://www.nwp.com.cn
版 权 部：+8610 6899 6306
版权部电子信箱：nwpcd@sina.com
印　　刷：山东海蓝印刷有限公司
经　　销：新华书店
开　　本：710×1000　1/16
字　　数：200 千字
印　　张：12
版　　次：2017 年 12 月第 1 版 2017 年 12 月第 1 次印刷
书　　号：ISBN 978-7-5104-6438-6
定　　价：68.00 元

客服电话：（010）6899 8638

　　高生宝，号小景天、树石逸夫、戊虚山人，曾得著名花鸟画家陈寿荣、尹延新先生亲授，现为中国当代书画名家协会副主席，中国艺术研究院创作委员、调研员，中国美术家协会（国际）会员，中国风景园林学会理事，中国盆景艺术家协会会员。

前　言

浅谈中国盆景的创新与发展

高生宝（戊虚山人）

创新与继承传统，是中国盆景艺术恒久不变的主题，它关系到中国盆景艺术内在生命力的延续和发展。

中国文化孕育并浇灌了盆景艺术这棵奇珍异葩，我国的盆景艺术植根于中国传统文化之中，又散发着浓郁的时代气息。

中国盆景流派纷呈，风格各异，有"无声的诗，立体的画"之美誉。中国盆景艺术要图发展，求进步，创新可谓是必然。因此要求盆景创作者必须强化学习，发扬和秉承盆景文化的优秀传统，注重"造化自然，人天暗合，物我相融"的美学原理和对立统一的守则，追求人与自然的统一和谐，突出作品的"精神化"面貌，让作品既有"写意的诗情"，更有"自然的神韵"，主中有次，次中有主，杂而不乱，密而不齐，力求使每一件作品达到借古开今、推陈出新、引化自然的审美体验。

创新要张扬个性，突出文化特点。盆景艺术的创新不仅要勇超先人，更要敢于超越自己。超越自己比勇超先人更难，寻找新的突破，提升新的高度，开创新的特色，融汇新的手法，这是每一个盆景人应想到的和力求做到的。

　　"机触于外，巧生于内，手随心动，法自手出"。只有不断地提高自身修养和审美层次，将自然景物人格化，将作者的性格、气质、品位及美学理念渗透其中，领略古法并自我创新，方能达到"清风出袖，明月入怀"的大美境界。

　　盆景创新要贴近时代要求，展现当代精神面貌。在创作理念上必须突出人与自然相和谐的主题思想。"虚在盆外，实在盆内"，调动主观情感，运用创新手法，才能使作品达到灵逸飘然、出神入化的境界。

　　笔者期待所有盆景创作者及爱好者一起努力，不断进取，相互学习，增长补短，共振中国现代盆景艺术之雄风，共享盆景创新发展的极大乐趣。

目　录

目　录

第一章
盆景艺术历史溯源

名称：**别有洞天**

树种：榔榆

盆龄：10 年

参考价：11 万 ~12 万元

萌芽时期

　　建元三年（公元前 138 年），汉武帝开始扩建上林苑，并在其中大量种植花木、果树、药用植物。根据《西京杂记》记载，仅是进贡给汉武帝的奇花异草就多达 2000 个品种。

　　汉武帝喜欢观赏植物，这在很大程度上促进了栽培艺术的发展。

　　在崔寔的《四民月令》和其他一些文献中，已有压条、修剪、移植方法和栽培技术的记载。

　　观赏植物的种植和栽培技术的进步，为盆景的产生创造了良好的条件。

出于对神仙的崇拜，汉武帝不仅派人去东海蓬莱寻仙，还在宫苑内大造"三仙山"。汉武帝所建的三仙山，很可能就是中国园林艺术中最早的假山艺术品。

在汉武帝大规模扩建秦代上林苑引领的风气下，皇家园林一时兴盛起来。《三辅黄图》和《西京杂记》这样记载："梁孝王好营宫室、苑囿之乐，作曜华宫，筑兔园。园中有百灵山，山有肤寸石、落猿岩、栖龙岫。"

当时，除了皇家、贵族兴起造园之风外，民间的富豪也大举造园。《西京杂记》在记述汉武帝时期茂陵富豪袁广汉造园时这样写道："茂陵富人袁广汉，藏镪巨万，家僮八九百人。于北邙山下筑园，东西四里，南北五里。激流水注其内。构石为山，高十余丈，连延数里。"这里面的描述虽然有些夸张，但仍然可以看出园内假山规模之巨大。

这一时代园林艺术的兴起，为中国水石盆景艺术的形成做好了铺垫，提供了客观条件。

名称：步步登高
树种：黄杨
盆龄：28 年
参考价：15 万 ~16 万元

名称：岁月遗风
树种：榔榆
盆龄：30 年
参考价：16 万 ~18 万元

　　汉朝人不但把山水景观缩造到宫苑、园林当中，同时还把自然景色缩小到一些较小的容器当中。这种方法被称为"缩地术"。在这方面最具代表性的人物当属壶公、费长房和淮南王喜欢的方士。

　　壶公是东汉人，为费长房的师父。师徒两人有一种"缩地术"的本事，就是把天地景物浓缩到一个壶中。这种方式被人们称为"壶中天"或"壶中天地"。淮南王喜欢的方士可以"画地成江河，撮土为山岩"。

　　这些技艺虽然充满了神话色彩，但不论怎样说，至少我们能够从中看出，当时的人已经开始意识到自然景观可以"缩龙成寸"，做成艺术品了。在众多艺术品当中，当属博山炉和砚山最为流行。

　　由于"天地小型化"思想的形成以及"缩地术"的产生，使盆景艺术进一步发展，为汉代盆景的形成奠定了基础。

名称：龟石寿

树种：榔榆

盆龄：10 年

参考价：11.5 万 ~12.5 万元

名称：俯首帖耳

树种：榔榆

盆龄：20 年

参考价：15 万 ~18 万元

第一章　盆景艺术历史溯源

名称：排山倒海

树种：榔榆

盆龄：21 年

参考价：14 万 ~15 万元

名称：撑起一片天

树种：榔榆

盆龄：21 年

参考价：13 万 ~14 万元

名称：和为贵

树种：丹桂

盆龄：30 年

参考价：60 万 ~80 万元

　　现代考古学的发现，证明了我国从汉朝起就已经开始烧制盆栽盆钵。江苏宜兴博物馆馆藏中，就有一件出土于宜兴东山的口径 20 厘米、高 15 厘米的汉代陶盆。根据陶盆盆底的小孔，可断定为盆栽植物的花盆。盆钵的产生，为盆景的制作创造了条件。

　　此外，在河北省安平东汉墓中，考古学家还发现了一幅描绘墓主人的壁画。画中主人身后有一侍者手端三足的盆山。这足以证明，我国从东汉时期开始就已经有山石盆景了。

　　从此，我国开始了约 2000 年的盆景历史。

发展时期

从流传下来的绘画以及部分文献中可以得知，盆景艺术发展到唐代，已在宫廷和士大夫中流行。

当时的盆景种类比较单一，只有树木盆景和树石盆景。唐人非常喜好小松树，喜欢它的姿形奇特、枝叶婆娑。

唐人对于小松树盆景的制作，主要有三种做法：一是进行修剪，如《五粒小松歌》当中描述的那样，"细束龙髯铰刀剪"；二是用麻皮对小松树进行蟠扎，如《小松歌》当中吟唱的那般，"贞心不为麻中直"；三是把小松树提根，提高观赏价值。可见，唐代的造型技巧已经达到较高的水平。

名称：金豆盈枝

树种：山橘

盆龄：20 年

参考价：15 万 ~18 万元

名称：壮志凌云

树种：对节白蜡

盆龄：30 年

参考价：15 万 ~17 万元

名称：相依相守

树种：榔榆

盆龄：23 年

参考价：13 万 ~14 万元

名称：思乡

树种：雀梅

盆龄：12 年

参考价：12 万 ~13 万元

　　从唐代开始，中国出现了树石盆景。在陕西乾陵发掘章怀太子墓时，发现甬道东壁有两幅侍女双手端托盆景的绘画。其中一幅画画着有山石和小树的盆景；另一幅画是侍女托莲瓣形盘，盘中有盆景，盆景中有绿叶、红果。按照分类来说，前者就是树石盆景。

　　王维，唐朝河东蒲州（今山西省运城市）人，开元九年（721 年）科举进士，晚年官至尚书右丞，以诗画著名。后来，王维创作了兰石盆景，一时之间掀起了士大夫喜好盆景艺术的风尚，促进了盆景艺术向民间的流传。

　　综上可见，唐代盆景艺术形式多样、题材丰富、形神兼备、意蕴深远，明显进入了发展期和成熟期。

成熟时期

　　入宋以后，随着商品经济的发展和市民阶层的兴起，宋词、元曲、绘画有了空前的发展。随之而来，盆景艺术也得到了大发展。

　　唐朝期间，盆景主要出现在王公贵族、富豪家中；到了宋代，盆景开始走进寻常百姓家。作为南宋都城的临安（今杭州市），在民间就有大量摆置盆景的习俗（当时称为"盆寠""盆儿"）。

名称：贪得无厌

树种：榔榆

盆龄：17 年

参考价：12 万 ~13 万元

名称：远怀

树种：榔榆

盆龄：23 年

参考价：13 万 ~14 万元

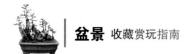

《梦粱录》中这样写道："又有钱塘门外溜水桥东西马塍诸圃，皆植怪松异桧，四时奇花，精巧窠儿，多为龙蟠凤舞、飞禽走兽之状，每日市于都城，好事者多买之，以备观赏也。"从中可见，当时盆景已经走进了普通人家。

《格物粗谈》中有这样一段记载："芭蕉初发分种，以油簪横穿其根二眼，则不长大，可作盆景。"这是可考证的中国文献中"盆景"一词出现最早的地方。因此，"盆景"一词在我国至少已有 900 年的使用历史了。

名称：**探源**

树种：榔榆

盆龄：30 年

参考价：17 万 ~18 万元

名称：**舞**

树种：榔榆

盆龄：26 年

参考价：13 万 ~15 万元

名称：**大爱无疆**

树种：榔榆

盆龄：28 年

参考价：14 万 ~16 万元

诗人与盆景

盆景在唐代得到了很好的发展，当时的许多诗人都对盆景情有独钟。唐代冯贽曾写道："王维以黄瓷斗贮兰蕙，养以绮石，累年弥盛。"可见诗人王维曾将山石与幽兰搭配制成盆景。唐代诗人白居易也留下了关于盆景的诗句："青石一二片，白莲三四枝，寄给东洛去，心与物相随。古倚风前树，莲栽月下池……"可见诗人对盆景十分青睐。杜甫的盆景诗更令人称绝："一匮功盈尺，三峰意出群。望中疑在野，幽处欲生云。"诗人笔下的飞峰写意，幽谷生云，让人充满遐想。

名称：夕阳晚照

树种：榔榆

盆龄：19 年

参考价：13 万 ~14.5 万元

名称：开怀畅饮

树种：榔榆

盆龄：26 年

参考价：13 万 ~15 万元

在各种盆景中，宋人和唐人都喜爱松树盆景。宋人非常喜欢盘松，讲究树龄、树姿，树龄比唐代山松更苍老，姿形也更奇特，观赏性有了很大提高。王十朋在《松岩记》中这样写道："友人以岩松至梅溪者，异质丛生，根衔拳石，茂焉非枯，森焉非乔，柏叶松身，气象耸焉，藏参天覆地之意于盈握间，亦草木之英奇者。余颇爱之，植之瓦盆，置之小室。"

到了元代，人们称盆景为"些子景"，意为小型景观。清代刘銮说："金人以盆盎间树石为玩，长者曲而短之，大者削而约之，或肤寸而结果实，或咫尺而蓄虫鱼，概称盆景。元人称之些子景。"这话中的"长者曲而短之，大者削而约之"，正是元代盆景技术水平的体现，而其中的"咫尺而蓄虫鱼"，则说明元代已有水旱盆景。

总体来说，元代的小型盆景对盆景的普及和推广起到了促进作用。

名称：夕阳晚妆

树种：榔榆

盆龄：18 年

参考价：15 万 ~16 万元

苏东坡与盆景

苏东坡一生宦海浮沉，奔走四方，有着极为丰富的生活阅历，又生性豁达，兴趣广泛，其生活可以说是无处不雅致，无刻不随心。苏东坡也是一位著名的盆景爱好者，留下了许多咏盆景的诗篇："五峰莫愁千峰处，九华今在一壶中；试观烟云三峰外，都在灵仙一掌中。"他在《双石》诗中云："梦时良是觉时非，汲水埋盆故自痴。但见玉峰横太白，便从鸟道绝峨嵋（眉）。秋风与作烟云意，晓日令涵草木姿。一点空明是何处，老人真欲住仇池。"

繁荣时期

盆景专著出现

明清时期，已经有盆景艺术专著出版，明有高濂《遵生八笺》中的《高子盆景说》、屠隆《考槃余事》中的《盆玩笺·瓶花》、吕初泰的《盆景》二篇；清有陈淏子的《花镜》、吴其浚的《植物名实考图》和《植物名实考图长编》等。从这些著作中，我们能够看出当时盆景艺术兴盛的景象。

名称：静候佳音

树种：金银木

盆龄：32 年

参考价：16 万 ~18 万元

名称：但等君进门

树种：真柏

盆龄：28 年

参考价：14 万 ~15 万元

盆景艺术兴旺

　　高濂在《高子盆景说》中这样写道："盆景之尚天下有五地最盛，南都、苏松二郡、浙之杭州、福之浦城，人多爱之，论值以钱万计，则其好可知。"由此可见，从明朝开始，南京、苏州、上海、杭州等地就已渐渐成为中国盆景创作的中心地带。

　　此外，在明代的年画、插图、绘画作品中，还能经常看到盆景的画图。这足以表明当时的盆景艺术已经非常普及和兴旺。

名称：亭亭玉立

树种：榔榆

盆龄：20 年

参考价：12 万 ~15 万元

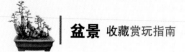

此外，扬州的梅花盆景在当时可谓是独树一帜，在当地得到了很大程度的普及，涌现出张遂、姚志同、耿天宝、吴履黄、谢堃等盆景名家。后来，盆景文化从福建输出日本，开始走出国门。

盆景植物大增

在宋代顾起元写的《客座赘语》中有这样的字句："几案所供盆景，旧惟虎刺一二品而已。近年花园子自吴中运至品目益多，虎刺外有天目松、璎珞松、海棠、碧桃、黄杨、石竹、潇湘竹、水冬青、水仙、小芭蕉、枸杞、银杏、梅华之属。"从中能够看出，被用来创作盆景艺术的植物越来越多，树种越来越丰富。

名称：携手向前

树种：榔榆

盆龄：19 年

参考价：15 万 ~16 万元

名称：拖儿带女

树种：榔榆

盆龄：30 年

参考价：15 万 ~16 万元

名称：探

树种：榔榆

盆龄：18 年

参考价：10 万 ~13 万元

名称: 飞来石

树种: 榔榆

盆龄: 25 年

参考价: 14 万 ~25 万元

　　清代嘉庆年间，苏灵在《盆景偶录》中把盆景植物分为"四大家""七贤""十八学士""花草四雅"。

　　"四大家"：金雀、黄杨、迎春、绒针柏；

　　"七贤"：黄山松、榆、枫、冬青、璎珞柏、银杏、雀梅；

　　"十八学士"：梅、桃、虎刺、杜鹃、翠柏、吉庆、枸杞、天竹、山茶、罗汉松、西府海棠、凤尾竹、紫薇、木瓜、蜡梅、石榴、六月雪、栀子花；

名称: 相依至永远

树种: 侧柏

盆龄: 30 年

参考价: 18 万 ~20 万元

"花草四雅"：兰、菊、菖蒲、水仙。

时至今日，这些植物依旧被人们用于盆景艺术创作。

名称：云洞天开

树种：榔榆

盆龄：15 年

参考价：13.5 万 ~14 万元

名称：**夫妻双双把家还**

树种：榔榆

盆龄：28 年

参考价：13 万 ~15 万元

技巧显著提高

　　清代陆廷灿在其《南村随笔》中写道："三松之法，不独枝干粗细上下相称，更搜剔其根，使屈曲毕露，如山中千年老树。此非会心人所能遽领其微妙也。"从文中不难看出，当时的人对盆树的根、干、枝的剪扎造型技巧非常有见地。

　　在制作盆景的过程中，清代沈复主张采取取势和修剪技法对树木盆景进行造型。在其著作《浮生六记》中，这样写道："若新栽花木，不妨歪斜取势，听其叶侧，一年后枝叶自能向上。如树直栽，即难取势矣。至剪裁盆树，先取露根鸡爪者，左右剪成三节，然后起枝。一枝一节，七枝到顶，或九枝到顶。枝忌对节如肩臂，节忌臃肿如鹤膝……如根无爪形，便成插木，故不取。"

名称：春华秋实

树种：白石榴

盆龄：33 年

参考价：20 万 ~22 万元

陈淏子

陈淏子，字扶摇，自号西湖花隐翁，清代园艺学家，撰写了我国古代重要的园艺书籍——《花镜》。陈淏子一生喜读书，爱好栽花。从其自序"以课花为事，聊以息心娱老耳"中可以看出他淡泊名利的心态。《花镜》是我国较早的一部园艺专著，向我们阐述了观赏植物及果树栽培，作者对前人经验有较多科学的总结和精辟的见解。

在盆景植物树枝的修剪上，明代周文华在《汝南圃史》中做了这样的阐述："诸般树木整顿尤须得法，去沥水枝，去刺身枝、骈纽枝、冗乱枝、风枝、旁枝。"而清代的陈淏子在《花镜》中则做了进一步总结："凡树有沥水条，是枝向下垂者，当剪去之；有刺身条，是向里生者，当断去之；有骈枝条，而相交互者，当留一去一；有枯朽者，最能引蛀，当速去之……但不可用手折，手折恐一时不断，伤皮损干。粗则用锯，细则用剪，裁迹须向下，则雨水不能沁其心，木本无枯烂之病矣。"

棕丝蟠扎技法从明代开始就已经得到广泛应用。《汝南圃史》中这样记载："棕缚花枝……经雨不朽烂，园圃中不可缺此。""如盆中树欲其曲折，略割其皮，随着转折，以棕缚之，自饶古意。"

金属丝蟠扎在清代得到广泛应用。特别是上海盆景，采用金属丝蟠扎的较多。其优点是操作简便，易于弯曲，造型快。但是金属丝易生锈，而且易损伤树皮，导致树体枯死，即使不枯死，也会影响美观。因此，现今大多数人都是采用双丝配合蟠扎。

名称：**睡狮初醒**

树种：榔榆

盆龄：30 年

参考价：24 万 ~26 万元

名称：**母子情深**

树种：榔榆

盆龄：17 年

参考价：14 万 ~16 万元

名称：**意气风发**

树种：榔榆

盆龄：25 年

参考价：18 万 ~20 万元

借用画意创作盆景

《高子盆景说》中写道："如最古雅者，品以大目松为第一，惟杭城有之，高可盈尺，其本如臂，针毛短簇，结为马远之'欹斜诘曲'、郭熙之'露顶攫拿'、刘松年之'偃亚层迭'、盛子昭之'拖拽轩翥'等状，栽以佳器，槎牙可观，他树蟠结，无出此制。"高濂一向主张通过蟠扎造型把画意赋予盆景的形象中，达到一种情景交融的效果。

在《南村随笔》中，陆廷灿写道："邑人朱三松，模仿名人图绘，择花树修剪，高不盈尺，而奇秀苍古，具虬龙百尺之势，培养数十年方成，或有逾百年者。栽以佳盎，伴以白石，列几案之间，或北苑，或河阳，或大痴，或云林，

俨然置身长林深壑中。"文中所说的"北苑"便是南唐画家董源，"河阳"为南宋画家李唐的别称，"大痴""云林"分别指元代画家黄公望、倪瓒。文中所说的朱三松，是专门学习这些名家画意，然后把画意融入盆景作品中的一个人。他创作的艺术盆景，常给人意蕴幽深之感。

盆景类型增多

盆景艺术发展到明清时期，已经有很多种艺术形式：

名称：独树一帜

树种：榔榆

盆龄：14 年

参考价：11 万 ~12 万元

名称：笑傲苍穹

树种：榔榆

盆龄：26 年

参考价：14 万 ~15 万元

丛林树石盆景

《考槃余事》当中的《盆玩笺·盆花》这样记述："杭之虎刺，有百年外者，止高二三尺，本状笛管，叶叠数十层，每盆以二十株为林，白花红子，其性甚坚，严冬厚雪玩之，令人忘餐。更须古雅之盆，奇峭之石为佐，方惬心赏。"陈淏子的《花镜》中这样写道："近日吴下出一种，仿云林山树画意，用长大白石盆或紫砂宜兴盆，将最小柏、桧或枫、榆、六月雪，或虎刺、黄杨、梅桩等，择取十余株，细视其体态，参差高下，倚山靠石而栽之，或用昆山白石，或用广东英石，随意叠成山林佳景……"

名称：**小林静晓**

树种：榔榆

盆龄：35 年

参考价：16 万~17 万元

名称：**野宿断桥无人家**

树种：榔榆

盆龄：32 年

参考价：20 万~22 万元

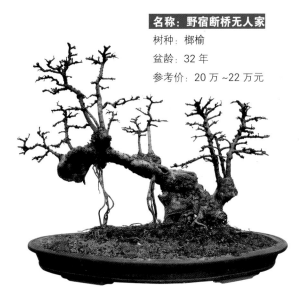

丛林盆景

《高子盆景说》载："它如虎刺，余见一友人家有二盆，本状笛管，其叶十数重叠，每盆约有一二十株为林。"《考槃余事》中的《盆玩笺·盆花》这样记述道："又如水竹，亦产闽中，高五六寸许，极则盈尺，细叶老干，潇疏可人，盆植数竿，便生渭川之想。"

名称：**晨起鹤鸣**

树种：榔榆

盆龄：25 年

参考价：14 万 ~15 万元

水石盆景

孙云凤在《碧梧馆丛话》中这样写道："会稽周竹生先生喜栽花木，经其手无不活。石青山石多石罅，栽小松七、木桃一。不数年，松皆挺秀与千年古松同，木桃亦能结实，大如豆。山承以石盆，蓄水养鱼。"这其中所说的，便是水石盆景了。

水旱盆景

《高子盆景说》中记述："曾见宜窑粉色裂纹长盆中，分树水两槽制，甚可爱。"现存北京故宫博物院明代吴伟画的《武陵春卷图》中，描绘了一梅花盆景，梅树植于盆的左侧，中有间隔，右侧可蓄水养鱼。

名称：**畅想**

树种：榔榆

盆龄：20 年

参考价：13 万 ~14 万元

名称：骑士风度

树种：榔榆

盆龄：20 年

参考价：14 万 ~15 万元

一本双干、三干树石盆景

《高子盆景说》载："更有松本一根二梗三梗者，或栽三五窠，结为山林排匝，高下参差，更多幽趣。林下安置透漏窈窕昆石、英石、燕石、蜡石、将乐石、灵璧石、石笋，安放得体，时对独本者，若坐冈陵之巅，与孤松盘桓；其双本者，似入松林深处，令人六月忘暑。"

复苏时期

　　民国时期，军阀混战，民不聊生，盆景艺术和其他艺术形式一样，走向发展的低谷。

　　中华人民共和国成立后，人民政府开始采取保护、发展和提高的方针，因此盆景艺术也在整个艺术复苏的浪潮中得到发展。

名称：**麒麟福禄**

树种：榔榆

盆龄：22 年

参考价：14 万 ~14.8 万元

盆景艺术的复苏

　　1956 年，广州成立了首个盆景研究会；1962 年，上海成立了盆景协会。在这期间，出版了很多有关盆景艺术的著作，如《盆栽趣味》《盆景小品》《成都盆景》《中国盆景及其栽培》《广州盆景》等。

名称：**招之即来**

树种：朴树

盆龄：20 年

参考价：12 万 ~13 万元

名称：**胸怀坦荡**

树种：榔榆

盆龄：17 年

参考价：13 万 ~13.8 万元

名称：大义凛然

树种：榔榆

盆龄：18 年

参考价：13 万 ~14 万元

盆景艺术家协会相继建立

1981 年，中国花卉盆景协会正式宣告成立，其后，各省、自治区、直辖市和各地、市、县相继成立了花卉盆景协会。

1988 年，中国盆景艺术家协会宣告诞生，其后各地相继成立了该组织。包括各种协会在内的与盆景有关的组织不断成立，在很大程度上推动了盆景艺术的发展。

盆景展览接连不断

1979 年全国盆景艺术展，精品荟萃，盛况空前，各地盆景艺术家云集北京，研讨盆景艺术发展的前景，切磋盆景艺术的技法。这是中国盆景艺术发展史上的里程碑，中国盆景艺术发展从此进入快车道。这一时期社会整体的文化艺术氛围将中国盆景艺术推向了高潮。

后来，各省、自治区、直辖市，各地市也不断举办盆景展览，还有"中华杯"中国盆景精品展、唐风展等，在很大程度上有力地推动了盆景艺术的繁荣和发展。

名称：叼石小枝

树种：榔榆

盆龄：20 年

参考价：12 万 ~13 万元

队伍扩大，人才辈出

随着我国经济的快速发展和人们文化水平的提高，喜好盆景艺术的人越来越多，盆景艺术创作者、经营者和收藏者队伍日益扩大，素质也逐步提高。在这些从事与盆景有关活动的人当中，有一大批盆景艺术大师和杰出的盆景艺术家，他们技艺精湛，开拓创新，创作出不少经典之作，为我国盆景艺术事业的发展做出了重要贡献。

名称：落落大方

树种：榔榆

盆龄：16 年

参考价：12 万 ~13.5 万元

郑永泰

郑永泰，1940 年生于广东省汕头市，对花卉盆景非常感兴趣。自20 世纪 70 年代初开始，几乎将所有业余时间都用于盆景栽培、创作和研究工作。他研究过许多不同风格的盆景作品，在坚持岭南盆景蓄枝截干制作技艺的前提下，博采众长，认真实践，逐步形成了技法严谨细腻，内部结构线条美，造型清新秀美、自然野趣的个人风格。2000 年，郑永泰创建了欣园盆景园，现担任广东清远盆景协会会长。

流派纷呈，风格各异

在百花齐放的发展势头下，各地区盆景艺术蓬勃发展，除扬派、苏派、川派、海派、徽派、浙派和岭南派盆景继续发展外，现在慢慢涌现出了金陵盆景、南通盆景、湖北盆景、中州盆景、厦门盆景、北京盆景等地方盆景，各具特色，各领风骚。

跨出国门，走向世界

目前，国内外盆景艺术交流频繁。通过中外交流的方式，既能够学习西方国家的艺术理念，也能够弘扬中华民族的盆景文化，扩大中国盆景艺术在世界上的影响。

总而言之，今天的盆景艺术已经出现了前所未有的繁荣，迎来了盆景艺术的又一个发展高峰。

名称：**春消息**

树种：榔榆

盆龄：23 年

参考价：20 万 ~22 万元

名称：**静觅**

树种：榔榆

盆龄：20 年

参考价：13.5 万 ~14 万元

第二章

盆景艺术概述

分类

　　在园林和园艺应用科学以及生产实践中，植物的"品种"有很多，盆景制作中也是如此。然而，现在的盆景艺术百花齐放、花样翻新，已有的分类方法不足以适应发展的需求。因此，人们提出了种、类、形、式的四级分类方法。

　　根据"四级分类方法"，可以把盆景按"种"分成树木盆景、树石盆景和艺术盆景等。

名称：仰天崖翠

树种：榔榆

盆龄：33 年

参考价：20 万 ~22 万元

名称：傲然挺立

树种：侧柏

盆龄：30 年

参考价：14 万 ~15 万元

树木盆景

树木盆景也被称作树桩盆景，是一种以木本植物为主体，山石、人物、鸟兽等作为陪衬，通过蟠扎、修剪、整形等方法进行长期的艺术加工和园艺栽培，用植物来制作各类造型，并且在盆钵中以表现典型的形式再现大自然孤木或丛林神貌的盆景艺术形式。

树木盆景的造型多样，根据所用树木材料种类不同，大致可分为杂木类、松柏类、花果类、稀有盆景植物类、藤蔓类；根据

名称：大腹便便

树种：朴树

盆龄：19 年

参考价：16 万 ~18 万元

树木的根、干、枝、冠、形、盆的大小高矮，可分为 5 种规格：特大型（高度或冠幅超过 150 厘米）、大型（80~150 厘米）、中型（40~80 厘米）、小型（10~40 厘米）、微型（不足 10 厘米）。其中特大型、大型、中型以古老树桩为多，小型、微型一般都由幼苗培养或者老枝扦插等方式获得。

名称：升华

树种：榔榆

盆龄：18 年

参考价：13 万 ~15 万元

名称：云起之时

树种：朴树

盆龄：25 年

参考价：15 万 ~18 万元

树石盆景

　　树石盆景是一种以植物、山石、土为素材，分别应用创作树木盆景、山水盆景手法，按立意组合成景，在浅盆中典型地再现自然树木、山水盆景艺术形式。树石盆景在"类"的级别分为旱盆景、水旱盆景、附石盆景和竹草盆景四类；在"型"的级别分为自然景观型和仿画景观型两种；在"式"这一级别分为七种形式，即水畔式、溪涧式、江湖式、岛屿式、根包石式、根穿石式、综合式。

名称：**往事如烟**

树种：榔榆

盆龄：28 年

参考价：16 万 ~18 万元

名称：**桃园结义**

树种：榔榆

盆龄：24 年

参考价：14 万 ~15 万元

名称：小岗林荫下

树种：榔榆

盆龄：26 年

参考价：14 万 ~15 万元

艺术盆景

　　艺术盆景是相对中国传统盆景而言的一种盆景，一般采用植物、天然材质结合现代技术、材料、手段来创作，是一种新颖、别致的现代盆景艺术品。

　　根据选材、造型、手法的不同，艺术盆景可分为微缩抽象盆景、道具盆景、博古架盆景、异形盆景和壁挂盆景这五类。

流派

　　不同艺术流派有着各自的特点，在通常情况下，判定盆景艺术流派的方法主要有三点。首先，查看盆景的个性风格表现在盆景当中所需的要素是否齐全。这一点，在判定一件作品能否称为盆景时十分重要。其次，主要观察盆景的造型和思想意境是否另辟蹊径，并细看作者的制作手法与材料用料方面是否高人

名称：和睦相处

树种：榔榆

盆龄：20 年

参考价：16 万 ~18 万元

名称：**共创辉煌**

树种：榔榆

盆龄：19 年

参考价：13 万 ~13.5 万元

名称：**问天**

树种：榔榆

盆龄：20 年

参考价：12.5 万 ~13.5 万元

一等。这一点，对于判定盆景有无风格，是不是独树一帜、自成一家来说，十分重要。最后，经过调查或者判定，确认这种盆景艺术风格是否在民间和盆景制作家中流传开来，是否形成固定的制作群体。满足了上述三个条件便可承认其为盆景艺术流派。我国的盆景大都有着明显的地域风格和显著特点，因此称为地方风格，如苏、扬、川、岭、海、浙、徽、通等地的盆景皆然。

盆景 收藏赏玩指南

虽然各个地方山水盆景风格不尽相同，但其差别要比树木盆景小得多。因此，盆景艺术流派主要是指树木盆景的风格与流派。根据历史习俗可分为"苏、杭、沪、宁、徽、榕、穗、扬"八大家，其中当属扬派、苏派、川派、岭南派、海派五大流派最为著名。在这五大流派当中，根据地理特征，又可分为南、北两大派：南派是以广州为代表的岭南派；北派包括长江流域的川派、扬派、苏派、海派等。

不同流派盆景的风格

岭南盆景：苍劲自然。

四川盆景：蟠曲多姿。

苏州盆景：清秀古雅。

扬州盆景：严整庄重。

安徽盆景：古朴奇特。

上海盆景：明快流畅。

浙江盆景：雄伟挺秀。

名称：宝船扬帆

树种：榔榆

盆龄：18 年

参考价：12.8 万 ~14 万元

名称：再跃龙门

树种：榔榆

盆龄：28 年

参考价：15 万 ~16 万元

苏派盆景

历史

　　苏派盆景起源于苏州，历史十分久远。从唐朝开始，苏州经济就十分繁荣，而且文化艺术也十分兴盛，历代名人都喜欢聚集于此。根据史料记载，唐代的韦应物、白居易、刘禹锡等人都在苏州做过官，晚唐则有陆龟蒙、皮日休等人到此。他们非常喜欢山石，并且白居易在苏州做太守时，还曾写下关于山石盆景的诗。

到了宋代，苏州的盆景以山水盆景和树桩盆景为主。这一时期的代表人物，当属苏州地区的朱冲、朱勔父子。

在制作山水盆景方面，宋代苏州诗人范成大颇负盛名。在制作树桩盆景方面，苏州盆景多选用榆树、雀梅树、三角枫树、石榴树、梅树等落叶树，树桩的形式则以规则形为主，树干微曲，左右互生六个圆片称"六台"，向后伸出三片称"三托"，顶上一片称"一顶"，"六台三托一顶"的桩景多成对放置。

名称：**平分秋色**

树种：榔榆

盆龄：22 年

参考价：15 万 ~16 万元

名称：坦荡胸怀

树种：榔榆

盆龄：28 年

参考价：16.2 万 ~17 万元

名称：生命之歌

树种：榔榆

盆龄：28 年

参考价：14 万 ~16 万元

名称：不减当年

树种：榔榆

盆龄：35 年

参考价：20 万 ~25 万元

明朝是苏州盆景蓬勃发展的时期，这一时期的苏州盆景，跟随当时的浪潮，以树木盆景为主，同时更深入地体会画意并用盆景形式表达出来。在制作盆景的过程中，盆景制作者结合苏州的地理、气候和自然的特点选材，每一步都十分讲究。在整个过程中，十分注重地方特色与当地艺术思想的结合。渐渐地，苏派盆景便形成了自己的风格。

明朝苏州人文震亨对苏州盆景进行了艺术总结，有很多非常独到的见解。他认为柏、枫、榆、古梅为桩景之先声，并认为可与画家马远、郭熙等笔下的古树作比的盆景才为上上品。明成化、弘治年间，沈周、文徵明、唐寅、仇英一同被称为苏州"吴门画派"。他们四人对苏州盆景影响很大，其画意成了盆景中刻意模仿的主题，形成了独特的技艺风格，一直流传至今。而具有"甲天下"之称的苏州古典园林对苏派盆景艺术的影响更为深远。

到了清朝，苏派盆景已十分盛行，为当时很多士大夫和文人墨客所喜爱。同时，盆景艺术在普通百姓中间也得到了普及，因此喜好者越来越多，出现了虎丘、光福等盆景制作基地。在《光福志》一书中，有这样的记载："潭山东西麓，村落数余里。居民习种树，闲时接梅桩。"

名称：相亲相爱
树种：榔榆
盆龄：18 年
参考价：13.5 万 ~14.5 万元

吴门画派

　　吴门画派是中国明代中期的绘画派别，也称"吴派"。其主要代表人物为沈周、文徵明、唐寅、仇英等，因他们都属吴郡（今苏州）人，而吴郡为古吴都城，有吴门之谓，所以他们被称为"吴门画派"。吴门画派在山水画上成就突出，无论对南宋院体绘画或元四家，都有新的突破。在人物画和花卉画方面也各有建树，除仇英外，另外三人尤其注重诗、书、画的有机结合，使文人画的这一优良传统更臻完美，有力地影响了明代后期直至清初画坛。在炽盛文风的熏陶下，官僚文人大量储藏法书名画、古玩器物和珍本书籍，营建私家园林，讲究饮食服饰器用。明代中期在苏州地区形成"吴门画派"，标志着文人画步入极盛的阶段。

名称：**齐心协力**

树种：榔榆

盆龄：19 年

参考价：13 万 ~14 万元

从一些文史资料中我们得知，当时的苏州盆景在棕丝剪扎技艺上有着很高的造诣，并且盆景造型繁多。到了清朝光绪年间，苏州盆景大家胡焕章则是用梅桩制作"劈梅"盆景。胡焕章从古老梅桩截取根部的一段，然后移栽在盆中，并用刀凿雕树身，使其成枯干，再用中国盆景制作技艺点缀苔藓，这样看上去盆景显得十分苍古。在制作的过程中，树桩上的大部分枝条被剪掉，仅留两三枝，然后任其自由发展，经多年培育后，斧凿痕迹消失，便成了自然苍古的盆景。

名称：**小车不倒只管推**

树种：榔榆

盆龄：15 年

参考价：13 万 ~15 万元

扬派盆景

历史

　　扬派盆景的历史可追溯到唐宋时期，当时盆景已开始进入宫苑，成为装饰、观赏的珍品。作为东南第一大都会的扬州，本就是艺术的宝地，自然不甘落后，也开始探索具有地域特色的盆景。

　　扬州的盆景园建于明代，至今保存完好，可谓扬派盆景历史最有生命力的见证。

部分扬派盆景学者在研究扬派盆景的过程中发现，扬派盆景和苏轼有着很大关系。

苏轼曾出任过扬州太守，在任期间，苏轼经常亲自制作盆景。根据学者研究推断，苏轼很可能是扬州玩盆景的"第一人"。一次，苏轼得到两块奇石，十分欢喜。为了表达心中的喜悦，苏轼还以《双石》诗赞美两块石头，在诗题小引中写道："至扬州，获二石。其一绿色，冈峦迤逦，有穴达于背；其一白玉可鉴。渍以盆水，置几案间。"并且在他的诗中还有"梦时良是觉时非，汲水埋盆故自痴"这样的诗句。对于那块绿色奇石，苏轼更是咏赞："但见玉峰横太白，便从鸟道绝峨嵋（眉）。"

名称：**春秋史话**

树种：金银木

盆龄：40 年

参考价：20 万 ~22 万元

名称：蕴蓄精神待早春

树种：红梅

盆龄：33 年

参考价：15 万 ~16.5 万元

名称：曲颈天歌

树种：榔榆

盆龄：25 年

参考价：18 万 ~20 万元

　　就目前的研究和发现来看，在苏轼写诗说到盆景之前，扬州还没有与盆景有关的文献。所以，盆景界的大多数学者认为，苏轼的双石盆景很可能是扬派盆景的开篇之作。也就是说，苏轼很可能是扬派盆景的祖师爷。

扬派盆景制作过程中的"扎片"造型艺术在元明时便被广泛运用。也就在这个时候，盆景的地方风格开始形成，并逐步走向成熟。

在制作扬派盆景时，明代工匠惯于用火烧、斧凿、捆绑、缚扎等技术。通过这些技艺，能够使树木呈现出各种奇异姿态，使盆景变得更加赏心悦目。

明代的李日华在《味水轩日记》中曾写到自己和友人一起经过一家花圃，无意中看到一种经过花匠培育的天目小松，松针很短却并无偃蹇之势。在作者看来，这种细叶松树只要稍加捆扎，便能够作为盆景使用。然而，主人却没有这样做。因此，作者很快便联想到了扬州豪门中以歌舞弹唱强行调教贫家女子，认为这种现象与工匠对花木施行砍削绑扎十分相似。其原文为："圃人习烧凿捆缚之术，欲强松使作奇态，此如扬州豪家收畜稚女盈室，极意剪拂。"

名称：支撑

树种：榔榆

盆龄：16 年

参考价：12 万 ~13 万元

名称：守护

树种：榔榆

盆龄：30 年

参考价：20 万 ~22 万元

名称：**抱石而卧**

树种：榔榆

盆龄：18 年

参考价：13 万 ~13.8 万元

　　扬派盆景发展到清朝时已经非常繁荣了。"扬州八怪"都曾以盆景作为绘画题材，如李方膺的《澈盆兰花》《岁朝清供图》、金农的《众香之祖》、边寿民的《赊夜万年欢》等，都为难得一见的名画。

名称：**山野人家**

树种：榔榆

盆龄：10 年

参考价：11 万 ~12 万元

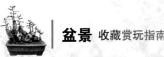

名称：心胸豁达

树种：榔榆

盆龄：26 年

参考价：15 万 ~18 万元

　　此外，扬派盆景还和诗情画意有了结合。在创作扬派盆景时，借用诗情画意，借鉴布局、启发思想，然后凸显灵魂。在诗歌方面，汪士慎从观音大士生日这一传说中借盆景四种——盆莲、盆竹、盆兰、盆蕉，作为清供。

　　从盆景的发展历史来看，《味水轩日记》不失为扬派盆景的重要史料。再如，清人沈复在《浮生六记》中谈到当时扬州已将盆景作为贵重礼品，但他却十分怀疑扬州商人的审美水平："在扬州商家，见有虞山游客，携送黄杨、翠柏各一盆。惜乎明珠暗投，余未见其可也。"作者觉得，盆景植物，要是人为地将枝叶盘如宝塔，将树干曲如蚯蚓，就会形成"匠气"。在这本书中，作者谈自己亲手制作盆景的经验十分有意思："种水仙无灵璧石，余尝以炭之有石意者代之。黄芽菜心其白如玉，取大小五七枝，用沙土植长方盆内，以炭代石，黑白分明，颇有意思。以此类推，幽趣无穷，难以枚举。如石菖蒲结子，用冷米汤同嚼喷炭上，置阴湿地，能长细菖蒲，随意移养盆碗中，茸茸可爱。以老莲子磨薄两头，入蛋壳使鸡翼之，俟雏成取出，用久年燕巢泥加天门冬十分之二，捣烂拌匀，植于小器中，灌以河水，晒以朝阳，花发大如酒杯，叶缩如碗口，亭亭可爱。"

清代是扬派盆景发展的一个高峰，扬州盐商为迎接帝王南游，广筑园林，大兴盆景，可谓"家家有花园，户户养盆景"。明代形成的盆景风格，经过清代的发展和不断提高，最后形成了一个流派。清朝中期，天宁街、辕门桥、傍花村一带可谓是盆景市场的繁忙地段，而堡城、雷塘、梅花岭、小茅山等地则是盆景的制作中心。

因为发展势头较好，清代扬派盆景的风格一度影响到了南通、如皋、泰州、靖江等地。然而，在艺术风格上，扬派盆景还有东、西两路之分。

清朝李斗在其所著的《扬州画舫录》中多次描述扬派盆景。其中这样写道："湖上园亭，皆有花园，为莳花之地。桃花庵花园在大门大殿阶下。养花人谓之花匠，莳养盆景，蓄短松、矮杨、杉、柏、梅、柳之属，海桐、黄杨、虎刺，以小为最。""盆以景德窑、宜兴土、高资石为上等。种树多寄生，剪丫除肄，根枝盘曲而有环抱之势，其下养苔如针，点以小石，谓之花树点景。"由此可见，扬派盆景在剪扎技艺方面已经形成了特定植物、特定栽培、特定流程的风格。

名称：老当益壮

树种：榔榆

盆龄：24 年

参考价：16 万~18 万元

名称：翘望

树种：榔榆

盆龄：22 年

参考价：13 万~15 万元

特点

　　根据盆景大师徐晓白的判断，我国盆景的最早发源地很可能在扬州一带。扬派盆景以扬州为中心，代表着很多地方盆景的艺术风格，这些地方分别为泰州、兴化、高邮、南通、如皋、盐城等。由于扬州地处江苏北部，因此扬派盆景又被称为苏北派。

　　扬州是一座拥有 2400 多年历史的历史文化名城，地处长江和大运河交汇处，交通十分发达，加上气候宜人、资源丰富，一度是唐朝最繁华的商业城市之一。扬派盆景诞生于扬州城，后经发扬光大成了中华文明的一大亮点。

名称：支撑

树种：榔榆

盆龄：24 年

参考价：10 万 ~12 万元

扬派盆景分为树桩盆景、山水盆景和水旱盆景。在众多盆景类型中，扬州的松柏榆枫、瓜子黄杨等树桩盆景可谓独树一帜，它们造型严整而富有变化，清秀而不失壮观。

通常情况下，扬派盆景采用的都是棕丝"精扎细剪"法。这种技法如同国画中的"工笔细描"，借鉴绘画"枝无寸直"的原理和园林假山的堆掇技巧，最后形成独特风格。徐晓白教授在评价扬派盆景时，用了"风格独特，技术高超，造型整饬壮观""精工细扎，刚柔相济，诗画相参""寓北雄南秀于一体"这样的词句。江树峰先生则是以"柳梢青"一阕来点评扬派盆景："秀峻黄山，小桥流水，三峡高岑。盆里乾坤，梦中离合，不是闲文。"

由于受到地理、人文等因素的影响，扬派盆景和扬州园林一样，既有南方的秀美，又有北方的雄壮。可以说，这一点在扬派盆景特点的形成过程中有着十分重要的意义。

在选石方面，扬派的山水盆景除采用本地出产的斧劈石外，还会采用外地的芦管石、沙积石、英德石等。在选树种方面，扬派盆景一般选用柏树、松树、

名称：**更上一层楼**

树种：榔榆

盆龄：22 年

参考价：14 万 ~16 万元

名称：**顶天立地**

树种：榔榆

盆龄：28 年

参考价：16 万 ~18 万元

名称：贡献

树种：榔榆

盆龄：15 年

参考价：12 万 ~13 万元

名称：无题

树种：榔榆

盆龄：18 年

参考价：12 万 ~14 万元

榆树、黄杨树、六月雪树、罗汉松树、五针松树、碧桃树、银杏树、枇杷树、石榴树等作为主要树种。在树桩盆景的栽培和修剪上，扬派盆景十分讲究，格外在意功力的深浅。对于那些树木是自幼加工培育而成的盆景，扬派盆景要求桩必古老。

在造型技法的精扎细剪当中，仅是棕法便有 11 种之多，即扬、底、撇、靠、挥、拌、平、套、吊、连、缝。在做云片的时候要求相等距离，剪扎平正，片与片之间严禁重复或平行，只有这样，盆景看上去才有层次感，生动自如。至于云片的大小，一般视树桩大小而定，大者如缸口，小者如碗口，一至三层的称"台式"，三层以上的称为"巧云式"。为使云片平正有力，片内每根枝条都要求弯曲成蛇形，也就是俗话所说的"一寸三弯"。

现在很多人采用的技法是"寸结寸弯鸡爪翅"，也就是每隔一寸便打一个结，主枝像鸡翅，分枝像鸡爪。这种技法，比传统的"一寸三弯"要容易很多。在制作过程中，与云片相适应的树桩主干，大多会蟠扎成螺旋弯曲状，舒卷自如，惯称"游龙弯"。弄好的云片，会放在弯的凸出部位，疏密有致，主次分明，同时不乏苍老和清秀。

在扬派盆景的历史上，当属"狮式盆景"最为有名，其造型特点为"云片"式，树桩盆景的树冠像片片碧云，具有层次分明、主次搭配得当的艺术风格。

川派盆景

历史

从汉代开始，独一无二的巴山蜀水、辉煌灿烂的巴蜀文化和富饶安定的社会环境为川派盆景的生长提供了得天独厚的条件。相传在五代时，一名梅姓官员隐居成都西郊，开始营造梅园和从事盆景制作。他根据梅树虬结多姿的特点，制作出千姿百态的梅桩，盘扎出龙飞凤舞的梅树造型。

名称：**我欲乘风归去**

树种：榔榆

盆龄：24 年

参考价：18 万 ~20 万元

中国许多著名的文人骚客都有在蜀地亲手制作盆景的经历。陆游在他的诗中就写道："叠石作小山，埋瓮成小潭。旁为负薪径，中开钓鱼庵。谷声应钟鼓，波影倒松楠……"完全把盆景艺术的精髓体现了出来。

名称：**风岭云镜**

树种：榔榆

盆龄：18 年

参考价：12.2 万 ~13 万元

　　清代以后，川派盆景开始在民间普及，这门高雅的艺术也从文人墨客的书房走向了寻常人家的院落，许多民间花农开始从事树桩盘扎。清代后期，在成都的花会上，盆景已经作为一种商品供游客品评和购买，并且出现了专门从事盆景交易的"花帮"。从遗留下来的资料看，这一时期的川派盆景已经有"三式五型"的技法。

名称：咬定青山不放松

树种：榔榆

盆龄：18 年

参考价：13 万 ~15 万元

特点

　　川派盆景又称"剑南盆景"，盆景展示了格律之严谨，唯当地功力深厚之艺人方能熟知和操作。自然式盆景常以山石相配，既具画意，又富有当地风光特色。另外，还有一种以银杏树制作的盆景，古朴有趣，为四川所独创。在造型上体现了对称美、平衡美、韵律美，统一中求变化，变化中有统一，活泼而有序，庄重而灵动。川派盆景源于生活，又高于生活，是对大自然的艺术概括与艺术加工。

名称：各领风骚

树种：榔榆

盆龄：30 年

参考价：20 万 ~23 万元

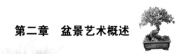

从地域上来分，川派盆景大致可分为川西和川东两派：川西以成都为中心，此外包括温江、郫都、都江堰、新都、崇庆、什邡等地；川东以重庆为中心，此外包括周边市县。

其中，当属以成都为代表的树桩盆景最能体现川派盆景的特点。

川派盆景十分讲究写意，以丰富多彩的植物材料取胜，艺术风格独特，被园林界公认为我国盆景五大流派之一，美名享誉海内外。

在选择树种上，川派盆景多选用金弹子、六月雪、垂丝海棠、贴梗海棠、紫薇、梅花、银杏、罗汉松、偃柏等。此外，黄桷树、

名称：连理

树种：金雀

盆龄：18 年

参考价：13.5 万 ~14.8 万元

名称：**高处不胜寒**

树种：榔榆

盆龄：18 年

参考价：12.8 万 ~13.5 万元

虎刺、山茶、紫荆、桂花等也是其常用树种。竹类品种也较多，有绵竹、邛竹、凤尾竹、观音竹、琴丝竹和佛肚竹等。在石材选择上，山石盆景以砂片石、钟乳石、云母石、砂积石、龟纹石为主。

川派盆景的主要艺术特色是虬曲多姿，造型有规则式和自然式之分。对于那些规则式的盆景，川派盆景在制作的过程中会采用棕丝蟠扎技法，借助"弯""拐"，形成树身的扭曲，富有独特的韵律感。川派盆景的主干和侧

名称：探海

树种：金弹子

盆龄：14 年

参考价：13.2 万 ~14 万元

枝自幼被棕丝按不同格式进行各种角度、各个方向的弯曲，注意立体空间的构图，难度较大。川派盆景主干的格式有"滚成抱柱""对拐""方拐""掉拐""三弯九倒拐""接弯掉拐""老妇梳妆""直身加冕""大弯垂枝""综合法"等。蟠枝方法又有平枝、滚枝、半平半滚之分，不同主干的造型与多种蟠枝方法交互运用，这样就能够形成形式多样的效果。

川派盆景十分注重自然美。川派盆景的造型多来自生活，而又高于生活。川派盆景造型摆脱了纯粹的模仿自然模式，加入了更多主观审美元素。在制作过程中，川派盆景的制作很少使用打眼钻孔、生雕硬刻的方法，虽经反复加工，但很难看到刀劈斧削的痕迹。从整体上来说，川派盆景体现着对称美、平衡美、韵律美。

川派盆景有着强烈的地域特色和造型特点，树桩以古朴严谨、虬曲多姿为特色；其树木盆景，虬曲多姿、苍古雄奇，讲求造型和制作上的节奏和韵律感，以棕丝蟠扎为主，剪扎结合，山水盆景则以气势雄伟取胜。

名称：威风八面

树种：侧柏

盆龄：30 年

参考价：15 万 ~16 万元

岭南派盆景

历史

　　岭南盆景起源于 20 世纪二三十年代，自成一派。岭南盆景发展到现在还很年轻，仍在发展中，但声誉甚隆，其中广州盆景作品获奖数在全国名列前茅。岭南盆景不只在国内，而且在国际上也引起了关注。

名称：**枯木逢春**

树种：紫薇

盆龄：30 年

参考价：16 万 ~17 万元

特点

　　盆景是我国历史悠久的一种园林艺术珍品，岭南盆景则是我国盆景艺术五大流派（苏派、扬派、川派、徽派和岭南派）之一。岭南人特别是广州人酷爱盆景，栽种盆景已成为其生活的一部分，许多家庭都在天台、阳台、客厅、书房栽种和摆设盆景，以此美化环境，调剂生活，既可舒眼目、怡心神，又可陶冶性情。岭南盆景多用石湾彩陶盆，有圆盆、方盆、长方盆、多角盆、椭圆盆、高身盆等，讲究吸水透气、色泽调和、大小适中、古朴优雅。几架有落地式和案架式，多用红木等较名贵的木材制作，使之协调和谐，相映成趣。

　　构图是盆栽艺术处理的开始，也是整株盆栽定型的关键，要因材料的实形构图。因为树桩各有不同的本质和形态，它们绝大部分是自然成长的，加工时也要顺其自然，力求简单，不能牵强改造。岭南盆景的构图形式有单干大树型，或双干式、悬崖式、水影式、一头多干式、附石式和合槙式等。岭南盆景的创作多就地取材，树种达 30 多种，如九里香（月橘）、榕树、福建茶、水松、龙柏、榆树、满天星、黄杨、罗汉松、簕杜鹃、雀梅、

名称：婀娜多姿

树种：榔榆

盆龄：19 年

参考价：12 万 ~13 万元

山橘、相思树等。选干的时候，树干的大小、斜直、弯曲都各有其妙处，主要看重具有自然美感和根部发育健全，凡身有棱节、嶙峋、皱纹和苍老奇特的都可入选。

岭南派盆景有三种别于其他流派的特点：创作手法独特，师法自然，突出枝干技巧，整形或构图布局来源于自然又高于自然，力求自然美与人工美的有机结合；注重景与盆的造型和选择，力求盆与景协调；善用修剪又不露刀剪的痕迹。

现代岭南盆景艺术形成了三种别于其他流派的风格：以叶恩甫为代表的造型艺术；以孔泰初为代表的造型艺术；以海幢寺素仁和尚为代表的造型艺术。

名称：敬请光临

树种：真柏

盆龄：26 年

参考价：14 万 ~16 万元

名称：半壁河山

树种：榔榆

盆龄：30 年

参考价：17 万 ~19 万元

名称：**本是一家人**

树种：锦鸣儿

盆龄：18 年

参考价：14 万 ~15 万元

海派盆景

特点

  海派盆景是以上海命名的一个中国盆景艺术流派，它的分布范围主要是在上海及其周围各市县。上海地处长江三角洲，长江由此处入海，水陆交通方便；气候温和，四季分明，具有海洋性气候的特点。自然条件的优越、经济文化的繁荣都是海派盆景流派形成的主要因素。

海派盆景以山石、自然树木为主要材料，自然美是海派盆景艺术所强调的一个重要主题。海派盆景造型的特点是形式自由、不拘格律、无任何程式，讲究自然入画、精巧雄健、明快流畅。海派盆景的分枝有自然式和圆片式，虽然有些树木盆景为圆片，但与苏派、扬派的云朵、云片不同，主要表现在片子形状多种多样、大小不一、数量较多等方面，且分布自然、疏密有致、注意变化，因此形式仍倾向于自然。海派盆景还以自然界千姿百态的古木为摹本，参考中国山水画的画树枝法，因势利导，进行艺术加工，赋予作品更多的自然之态，因此有"虽由人作，宛若天成"的效果。海派盆景是我国首先使用金属丝加工盆景的流派之一。采用金属丝缠绕十、枝后，进行弯曲造型，剪扎枝法采用粗扎细剪、剪扎并施的手法，成型容易，线条流畅，刚柔相济。

名称：梁祝起舞

树种：榔榆

盆龄：18 年

参考价：12 万 ~13 万元

海派盆景所用树木有140种之多，如松类有黑松、马尾松、锦松、五针松等，柏类有桧柏、真柏等，阔叶树有榔榆、雀梅、金雀松、三角枫、榉木、六月雪、胡颓子、枸杞、黄杨、冬青等。用盆以宜兴紫砂盆为主，花果类盆景也有用釉陶盆的，盆的形式多种多样，多用浅盆，以取得更好的画面效果。

名称：**舞姿**

树种：连翘

盆龄：26 年

参考价：8 万 ~10 万元

名称：倚石而居

树种：榔榆

盆龄：18 年

参考价：15 万 ~16 万元

明朝隆庆、万历年间，王鸣韶在《嘉定三艺人传》中这样写道："亦善刻竹，与李长衡、程松园诸先生犹将小树剪扎，供盆盎之玩，一树之植几至十年，故嘉定竹刻盆树闻名于天下，后多习之者。"陆廷灿在《南村随笔》中这样记载："邑人朱三松，择花树修剪，高不盈尺，而奇秀苍古，具虬龙百尺之势，培养数十年方成，或有逾百年者，栽以佳盎，伴以白石，列之几案间。"从这里能够看出，海派盆景虽然发展较晚，但是发展势头很好，在不长的时间里就成了五大艺术流派之一。

装饰

要想使完工的盆景富有生活气息和真实感，就得在盆景上适当地做一点儿小装饰。点缀盆景，主要是为了让盆景更具诗情画意，主题突出。

名称：**生死兄弟**

树种：榔榆

盆龄：22 年

参考价：15 万 ~17 万元

配件种类

点缀盆景的材料，一般有桥、塔、舟、舍、亭、榭、楼、阁、人物及动物等。按照配件材料的不同，可分为金属、陶质、瓷质、石质、木质、蜡质、砖块配件。在选购和制作配件的时候，应该就地选材，然后根据盆景的需要和客观条件来灵活掌握。

金属配件

用来装饰盆景的金属配件一般由铅、锡等金属灌铸而成，外涂调和漆。这种配件最大的优点就是成本低，耐用，可批量生产；缺点是色泽不易和景物协调，涂漆不牢固，时间一长容易脱落。近年来，北京地区交易的盆景配件中，当数金属配件最多。

名称：**翠盖如雪**

树种：真柏

盆龄：15 年

参考价：12 万 ~13 万元

名称：大将风度

树种：榔榆

盆龄：36 年

参考价：22 万 ~25 万元

陶及釉陶配件

　　用陶土烧制出来的配件，不上釉者为
陶质配件，上釉者为釉陶配件。陶及釉陶配件以
广东石湾出产的为最佳，尤其是该地生产的陶质配件，
可谓技术精湛。每一件作品都古朴优雅，造型生动，栩栩如生。

釉陶

　　釉陶是表面施釉的陶器。挂釉既可保护器胎，又能装饰陶器。古代
的西亚、埃及、欧洲有铅釉或锡釉陶器，欧洲有的锡釉陶器上还有彩绘。
据相关资料可知，低温铅釉陶器最早出现于西汉时期。起初，釉是绿、
褐黄等单色的，到王莽时期出现同时施黄色、绿色、酱红色、褐色的复
色釉。

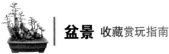

名称：**勇往直前**

树种：榔榆

盆龄：30 年

参考价：16 万 ~17 万元

石质配件

盆景当中的石质配件大多用青田石雕刻而成，有淡绿、灰黄、白等多种色系。石质配件最大的优点是很容易和山景协调；其不足之处是制作粗糙，不如金属或陶质配件那般精巧，易损坏。

其他材料配件

除了以上几种材料的配件外，在盆景点缀中有时还会用到木、蜡、砖等材料制作的配件。相对前面的几种配件来说，这些配件的材料来源广泛，并且只要制作技艺熟练，同样能够制作出上等的盆景配件。比如点缀长城可用灰色旧砖块作为配件，这样就显得古朴庄重，富有真实感。

命名

　　优秀的盆景作品，不但要求景物匠心别具，盆钵、几架幽雅别致，搭配得当，而且命名必须富有诗情画意，令人遐想，以扩大对盆景意境的想象。好的命名恰如画龙点睛，其名就能吸引人们，观后又能把人们带入景物之中，达到景中寓诗，诗中有景，景外有景的效果。

名称：蒸蒸日上

树种：侧柏

盆龄：30 年

参考价：19 万 ~22 万元

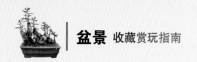

命名的作用

揭示主题

好马配好鞍，佳作配佳名。一个恰当的命名，能够涵盖盆景作品主题，深化盆景作品意蕴，在表达创作者情感方面起到画龙点睛的作用，使作品更具观赏价值。对于一件盆景作品来说，好的命名有"点石成金"之效，对提高盆景的品质和观赏价值都起着至关重要的作用。一个精巧、高雅、含蓄、恰当的命名，常常能够叫人刮目相看。

名称：**夫妻双双把家还**

树种：榔榆

盆龄：20 年

参考价：13.8 万 ~15 万元

以名赋意

在给盆景命名的时候，创作者可借助命名来表达作品内容，点出形象特色，使观赏者顾名思义，从而达到以名赋意的效果。

避免争议

给盆景命名，不仅能够提高盆景的欣赏价值，还对盆景的艺术交流、品评起着重要作用。一个盆景要是仅仅标明树种，很容易使人们在交流、评价的过程中产生争议。可见，一个盆景还是应有一个好的名称。有了名称，就像人有了名字一样，别人一看一听便能够一清二楚。

名称：平安吉祥（象）

树种：榔榆

盆龄：26 年

参考价：22 万 ~25 万元

命名方法

以配件命名

这种命名方式最大的特点是，根据盆景当中所点缀的配件来给整个盆景命名。如在一个椭圆形盆中，种植了有疏有密、有高有低的很多竹子，且在竹林当中还有几只可爱的熊猫釉陶配件……对于这样的盆景，就可以命名为"竹林深处是我家"。

在以配件命名的盆景中，要数扬州的"八骏图"最为有名。"八骏图"是一个用数株六月雪和不同姿态的八匹陶质马配件制成的水旱盆景，1985年在全国盆景展评会上深受大家的喜爱和好评。

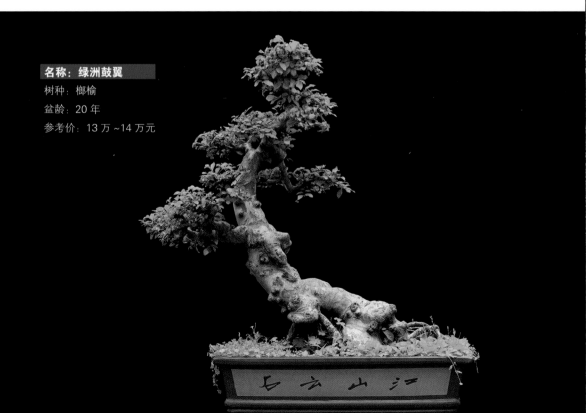

名称：**绿洲鼓翼**

树种：榔榆

盆龄：20 年

参考价：13 万 ~14 万元

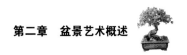

以配件给盆景命名是一种比较简单易学的方法，只要运用得当、景名贴切，能在很大程度上提高盆景的欣赏价值。

直接点明内容

在给盆景进行命名的时候，可用直接点明盆景内容法。比如，在一个盆钵内植竹砌石的盆景，可命名为"竹石盆"；表现沙漠风情的盆景，可命名为"沙漠绿洲"或"沙漠驼铃"；一盆老松树盆景，可命名为"古松"。

这种直接点明内容的方法比较容易掌握，观赏者看了也能够心领神会。但是这种方式命名的盆景名称，不够含蓄，很难引起观赏者的遐想，对扩展盆景的意境作用不大。当然，对于一些盆景来说，这种直接点明内容的方法还是比较合适的。

名称：**硕果**

树种：金豆子

盆龄：16 年

参考价：5 万 ~8 万元

以树龄命名

　　根据盆景中树木的年龄来给盆景命名，是树木盆景命名当中比较常见的一种。如将一盆树龄较长、树干部分木质部出现腐蚀斑驳，但枝叶仍然繁茂的树木盆景命名为"枯荣与共"；将一株树龄不长、生长健壮茂盛、充满生机的盆景命名为"风华正茂"。用这种方式命名的盆景，即便没有见到盆景，但一听盆景的名称，就知道树木的大概树龄了。

名称：对弈

树种：黑松

盆龄：18 年

参考价：13.2 万 ~14.2 万元

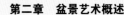

名称：**母子情深**

树种：榔榆

盆龄：30 年

参考价：18 万 ~20 万元

拟人化的命名

运用拟人化方法给盆景命名，常常能够收到意想不到的效果。如把两棵高低不同的树木组成的树木盆景命名为"母女峰"，就会让人浮想联翩；命名为"生死相随"就能够使人联想到为了追求崇高而纯洁的爱情所遭遇的不幸，从而激发人们对新生活的热爱。

总之，以拟人化的方法给盆景命名，会有浓厚的人情味，如果运用得当，很容易受到观赏者的青睐。

用成语命名

成语是人们生活中最常用的短句，很多时候，简简单单的四五个字就能达到意犹未尽的效果。因此，用成语来给盆景命名也不失为一种很好的办法。用成语来给盆景命名，言简意赅，说起来顺口。只要创作者给盆景命名的时候运用得当，使命名能充分表达该件作品的主题思想，就能给盆景加分。

名称：见缝插针

树种：榔榆

盆龄：18 年

参考价：12.8 万 ~14 万元

名称：茁壮成长

树种：榔榆

盆龄：18 年

参考价：12 万 ~13 万元

把树名融入命名

　　在给盆景命名的时候，要是能够巧妙地把树木名称融入命名当中，就会别有一番情趣。如给一株树干部分腐朽的老桑树盆景命名为"历尽沧桑"，花朵怒放的迎春盆景命名为"笑迎春归"，正在开花的九里香盆景命名为"香飘九里"等。

以外形命名

一些盆景，会根据其外部造型来命名。如把一盆树干离开盆土不高即向一侧倾斜、树木大部枝干下垂、树枝远端下垂超过盆底部的松树悬崖式盆景命名为"苍龙探海"，就会给人意境深远的感觉；将附石式盆景命名为"树石情"，不但使人感觉富有寓意，还会让人觉得十分贴切；把独峰式山水盆景命名为"孤峰独秀"，会让人觉得气势恢宏。

运用这种方式命名的盆景，通常根据名称就能够想象出其大概形态。

名称：**春风依旧**

树种：迎春

盆龄：26 年

参考价：15 万 ~16 万元

以季节命名

　　以季节给盆景命名，就是在不同的季节给盆景题相应的名。春季可以给初春开花的迎春盆景命名为"京城春来早"；夏季可以给山青、树叶苍翠的盆景命名为"夏日雨霁"；秋季可以给红果满树的山楂盆景命名为"秋实"；冬季可以给表现北国雪景的山水盆景命名为"寒江独钓"。

名称：四世同堂

树种：榔榆

盆龄：36 年

参考价：17 万 ~18.8 万元

名称：骑士风度

树种：榔榆

盆龄：15 年

参考价：11 万 ~13 万元

名称：**沧桑岁月**

树种：黄荆

盆龄：32 年

参考价：20 万 ~22 万元

以名句命名

　　中国文化博大精深，中国古人的诗句更是璀璨夺目，在盆景命名当中也常常被运用。如一件用雪花斧劈石制作的用于表现瀑布的山水盆景，命名为"飞流直下三千尺"。当人们看到盆景名称时，就自然会联想到唐代大诗人李白《望庐山瀑布》当中的"飞流直下三千尺，疑是银河落九天"诗句。这样的命名方式在一定程度上增加了盆景的欣赏价值。

名称：**本是同根生**

树种：侧柏

盆龄：30 年

参考价：18 万 ~20 万元

第三章

走进盆景世界

创作思维

　　形象思维、抽象思维、灵感思维构成了盆景创作的艺术思维，三者相辅相成。想要在盆景艺术上有所成就，就要学会在生活中锻炼这三种思维。

名称：**不分胜负**

树种：榔榆

盆龄：25 年

参考价：14.5 万 ~15.5 万元

形象思维

　　形象思维主要是指人们在认识世界的过程中，对事物的表象进行取舍时形成的，用直观形象的表象解决问题的思维方法。形象思维是在对形象信息传递的客观形象体系进行感受、储存的基础上，结合主观认识和情感进行识别，并用一定的形式、手段和工具创造和描述形象的一种基本的思维形式。

名称：书山有路

树种：榔榆

盆龄：18 年

参考价：12 万 ~13.5 万元

名称：鱼吐翠花

树种：榔榆

盆龄：20 年

参考价：13.5 万 ~15 万元

名称：**宝船泛流**

树种：小青榆

盆龄：25 年

参考价：15 万 ~16 万元

名称：**不减当年**

树种：日本甜楸

盆龄：18 年

参考价：12 万 ~12.8 万元

艺术意象的呈现

在盆景艺术的创作过程中，自始至终无法离开具体可感的形象。盆景创作者会提前有一个体验、构思的过程，然后在脑海中形成自然景物，社会生活中的生动形象、事态，最后通过剪裁和设计，把想要表达的意象通过盆景的形式表现出来。所谓的艺术意象就是在制作盆景之前存在于脑海当中的蓝图，或曰打腹稿。艺术意象是心与物、主观与客观的统一体，是创作中进行形象思维的最初收获。只有在脑海中有了艺术意象，才能通过构图、造型、剪裁等程序把意象通过盆景艺术的形式表现出来。因此，要创作盆景艺术，提前在脑海当中呈现一份艺术意象是非常重要的。

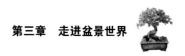
注意情感与想象的投入

在形象思维中，情感和想象占据着重要地位。在盆景艺术创作过程中，创造性的想象十分重要。可以说，没有想象，就不能模仿，更不用提创新了。然而，想象并不是凭空出现的，而是依托于生活和自然。

在盆景创作过程中，情感的投入也是不可或缺的。在形象思维中，不论是感知、感悟、联想还是想象，只有在情感的渗透下才能够发挥作用。也就是说，只有在炽热的情感浇灌下，才能够完成艺术意象，完成艺术构思。

具有整体性

在盆景创作过程中，形象思维始终具有整体性，通常会把景物当成完整的形象来进行思维创作，进而使整个画面多样而又统一。

名称：**银杆蝶舞**

树种：蝴蝶枫

盆龄：30 年

参考价：20 万 ~25 万元

抽象思维

抽象思维是人们在认识活动中运用概念、判断、推理等思维形式，对客观现实进行间接的、概括的反映的过程，属于理性认识阶段。抽象思维凭借科学的抽象概念对事物的本质和客观世界发展的深远过程进行反映，使人们通过认识活动获得远远超出靠感觉器官直接感知的知识。

在盆景创作过程中，不论是主题的选择、结构的安排，还是手法的选择，都离不开抽象思维。一个人的创作思路，必定受到其艺术观、价值观、世界观的影响，因此，在盆景创作过程中，抽象思维起着决定性的作用。可以说，没有抽象思维，就不能在脑海中形成蓝图，进而也就不可能使艺术形象以盆景艺术的形式表现出来。

名称：**不知水深有多少**
树种：榔榆
盆龄：32 年
参考价：18 万 ~19 万元

名称：蛇年大吉

树种：紫藤

盆龄：18 年

参考价：3 万 ~5 万元

灵感思维

灵感思维就是凭借直觉进行的快速、顿悟性的思维。它不是一种简单逻辑或非逻辑的单向思维运动，而是逻辑性与非逻辑性相统一的理性思维的整体过程。从艺术方面来讲，灵感思维是指在艺术创作活动中，人的大脑皮层在高度兴奋时的一种特殊的心理状态和思维形式，它是在一定抽象思维和形象思维的基础上突如其来地产生新概念或新意向的顿悟式思维形式。

在盆景创作过程中，创作者常常遇到这样的情况，见到一个如意的坯材、一块奇特的山石，或是听了一首歌曲，或是看了一幅画，顿时就来了灵感，激起了创作欲望。就如郑板桥说的那样："胸中勃勃，遂有画意。"赵庆泉大师的《八骏图》水旱盆景便是从画作当中得到了启发，进而创作出别开生面、深受大家赏识的盆景。

清代宫廷盆景

清代宫廷中常以珠宝、玉石、翡翠、珊瑚、金银和玛瑙等贵重材料制作盆景的主景，再配上金银、珐琅、玉石等制作的盆，非常华丽耀眼。清代宫廷盆景多由内务府造办处制作，遇有皇太后、皇帝庆寿，皇帝大婚等场合，大臣和各地官员也会进献这类盆景作为贺礼。这些盆景多用寓意、谐音来象征吉祥、福寿和太平等。

基本原则

勇于创新，善于借鉴

在盆景立意上，一般有两种情况：一种情况是创作者的感情受到外界影响，进而产生创作的欲望，好比游览黄山看见驰名中外的松树，便会被其强悍的生命力感动，于是进行一系列的创作；另一种情况是"见树生情"，好比你找到了一棵好树，或是亲朋好友给你一棵好树时，你便会把大脑当中的创作意向和摆在面前的植物联系起来，进而去创作一件全新的东西，也就是盆景。这两种情况，前者可谓是"因意选材"，后者则是"因材立意"。在现实生活当中，大型盆景多是"因意选材"，而以自然造型为主的盆景则是"因材立意"。

对于盆景艺术创作者来说，要想创作出一件好作品，还应该从美术、文学中汲取养料，然后学习和借鉴别人作品的长处。

盆景创作者既要有丰富的实践经验，又要有充足、广泛的理论知识，还要成竹在胸，脑海当中时时存有大量的树木形态，装有江山万里、名山大川、名胜古迹和波澜壮阔的大自然景象，这样在立意的时候才能从脑海中调出更多的资料供自己创作。只有做到这些，立意新颖、神形兼备的盆景才有可能被创造出来。

名称：东渡

树种：榔榆

盆龄：18 年

参考价：13.8 万 ~15 万元

名称：临崖而居

树种：榔榆

盆龄：16 年

参考价：18 万 ~20 万元

名称：朝贡

树种：榔榆

盆龄：30 年

参考价：15.2 万 ~16 万元

扬长避短，因材施艺

在创作过程中，一定要注意发扬盆景原料的长处，进而达到扬长避短的效果。通常来说，用来制作盆景的树木素材是枝繁叶茂的。对于一个有经验的盆景艺术创作者来说，拿到素材之后并不会立刻动手，而是先观察盆景的长短，然后进行构思，最后因材施艺。

盆景构图在脑海中形成之后，便能够动手对素材进行锯截、修剪、蟠扎。在这一过程当中，应该充分利用盆景材料的自然造型，同时把有缺陷的或者多余的部分去掉。要是实在无法去掉盆景素材的缺陷，则应该把好的一面作为正面，把缺陷隐藏在背面。

总体来说，对于一件盆景材料的处理，通过构思、造型，要尽量做到扬长避短。

保持协调，浑然一体

　　一件上好的盆景艺术品，作品的每一部分都应该和整体保持协调，力求浑然一体。反之，就很难成为一件好的艺术品。虽然每一件盆景的观赏部位都不尽相同，有的观花，有的观叶，有的观果，有的观根，但作为一件作品来说，它就是一个整体，根、干、枝、叶、花、果各部分必须协调，否则就难以呈现应有的美感。

　　此外，盆景作品中各景物的搭配都应该协调。如在表现北方山水的盆景中点缀竹排，就十分不协调，因为竹排绝大多数用于南方河流，在北方基本看不到。再如，在雪景的山水盆景中种植六月雪、虎刺等小树木，也是极不协调的搭配。雪景中的树木可以用枯树枝制作，也可用褐色铁丝经艺术加工而成。

名称：阿弥陀佛

树种：榔榆

盆龄：25 年

参考价：18 万 ~20 万元

名称：步步登高

树种：榔榆

盆龄：18 年

参考价：13 万 ~14 万元

抓住特点，主题明确

要想制作出秀美的盆景，就应该懂得取舍。在取舍的过程中，应该选取最典型的景物作为表现对象，抓住特点，着力刻画。就像摄影师选景拍摄一样，繁中求简，简中求精。

切记，繁中求简的"简"，是手段，不是目的，更不是简单化。在选取的过程中，不是说越简单越好，而是以少胜多、以简胜繁。好比在山水盆景中配简单的山峰，反而能够突出主峰。

总的来说，在制作盆景时，应该根据实际情况，灵活取舍，当简则简，当繁则繁，繁简协调。

盆景的盆

盆是盆景艺术构图的一部分，在盆景制作中占有非常重要的地位。盆景用盆主要有桩景盆和山水盆两种。桩景盆底部有排水孔，而山水盆的底部没有排水孔。盆的样式种类很多。按盆景用盆材料的不同，可将其分为紫砂盆、釉陶盆、瓷盆、石盆、水泥盆、泥瓦盆、竹木盆、塑料盆、铜盆等。

近大远小，以小衬大

　　早在宋代，大画家饶自然就曾在著作《绘宗十二忌》中论述过如何在绘画作品中表现大小、远近："近则坡石树木当大，屋宇人物称之。远则峰峦树木当小，屋宇人物称之。极远不可作人物。墨则远淡近浓，愈远愈淡。"同理，在盆景创作过程中也应近大远小，以小衬大。这样就能够达到近处纹理清晰、远处纹理模糊的效果。

　　在给盆景进行点缀的时候，要运用透视原理，近大远小，近处配件适当大些，远处配件适当小些。只有这样，装配出来的盆景才能够显得自然。反之，要是一个山水盆景的远近配件一样大，就会给人以不真实的感觉，从而失去其艺术魅力。

　　制作盆景造型的过程中，在垂直方向和水平方向上也应适当安排层次，尽量使盆景在层次感上形成高低错落、参差不齐的效果，以扩大盆景的艺术效果。

　　要达到这样的效果，就要求在创作过程中对不同层次的峰峦进行相应的处理，以低矮的山石表现远山，以挺拔险峻的山石作为主峰，近处又配以较小的山石。只有这样，才能够形成远、近、小的山石，从而从不同角度和层次衬托出主景，使整个艺术品显得更加真实和自然。

名称：顶天立地

树种：榔榆

盆龄：26 年

参考价：14.5 万 ~15.5 万元

名称：**天狗吃月**

树种：榔榆

盆龄：28 年

参考价：14.8 万 ~15.8 万元

名称：**山有多高**

树种：榔榆

盆龄：18 年

参考价：18 万 ~19 万元

错落有致，主次分明

　　为了说明"主次分明"这一点，我们以山水盆景为例。在山水盆景的制作过程中，主峰永远是山水盆景的主题，是重中之重。换句话说，主峰造型的优劣，是盆景创作成败的关键。而配峰也是山水盆景创作不可或缺的一部分，　"好花还要绿叶扶"。但是，不论怎样，配峰永远都不能太突出，更不可喧宾夺主，要做到客随主行，这样才能够和主峰相协调。

　　在盆景艺术中，主体靠客体衬托，客体靠主体提携，两者相互矛盾但又相互统一。在中小型山水盆景中，要尽量避免出现同样高度的山峰，应该有高有低，参差不齐，错落有致，突出主峰，主次分明。这样才能够达到呈现众星捧月的效果。

名称：倚石遐想

树种：榔榆

盆龄：20 年

参考价：13.5 万 ~14.5 万元

名称：牵手情

树种：雀梅

盆龄：24 年

参考价：14 万 ~15 万元

有疏有密，疏密得当

山水盆景造型的峰峦之间应有疏有密，疏密得当。要是过密，就会把盆景塞得很满，臃肿庞杂，给人一种窒息感。

在水旱盆景中，主景组树木不但要高，而且应该密；客景组树木不但要小，而且应该疏。总的来说，不论是树木盆景还是山水盆景，主体处都应该密，客体处都应该疏。

有虚有实，交相辉映

一件好的盆景艺术品，应该虚实相宜，疏密有致。虚实和疏密是密切相连的两者，不能分开，过密必实，过疏必虚。虚实和疏密两者之间的关系，主要表现在实景和空白的处理上。在处理过程中，处理得过实会产生压抑感，过虚则有空荡感。

制作盆景应该懂得实是景，虚也是景，实景给人直观感受，虚景能引人遐想。很多初学者的作品实处有余，虚处不足，把盆塞得满满的，使人有窒息感。在盆景艺术造型中应采用虚实对比的手法，要达到虚中不虚、实中不实、虚实相映成趣的艺术效果。

盆景 收藏赏玩指南

名称：**枯木春风**

树种：榔榆

盆龄：18 年

参考价：13.5 万 ~15 万元

名称：**版纳印象**

树种：榔榆

盆龄：28 年

参考价：18 万 ~19 万元

有藏有露，欲露先藏

盆景造型讲究有藏有露，欲露先藏，也就是说，要讲究含蓄。盆景和诗歌、绘画、美术、根雕一样，讲究含蓄，只有含蓄才能够使人产生遐想。在盆景创作过程中，要注意处理好露和藏的关系，将两者关系处理好，才能够产生景外有景、景中生情的效果。

对于盆景艺术来说，要是只露不藏，一览无遗，就等于完全不给观赏者回味的余地。前人有"景越藏则意境越深，越露则意境越浅"之说，也就是说，在盆景创作过程中，要营造曲折、萦回、蜿蜒的效果。只有这样，才能达到有藏有露的目的。

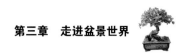

浑然天成，动静相宜

法国雕塑家罗丹曾说："生活中不是缺少美，而是缺少发现美的眼睛。"对每一个盆景创作者来说，都应该以大自然为师，创作出形态自然而优美的盆景。

盆景造型，不但单干式树冠应呈不等边三角形，就连双干式和三干式树冠也应呈不等边三角形。

要想使盆景树木静中有动，除使树冠变化外，树干也要有所变化。在一些常见款式的盆景造型当中，除直干式外，树干都有一定的弯曲变化。每一个盆景创作者都要明白，树干的形态是决定树木盆景款式的重要因素。树干不同的弯曲程度，能够造成不同的动势。

名称：山不在高

树种：榔榆

盆龄：26 年

参考价：15 万 ~16 万元

有远有近，有大有小

　　创作盆景时切记，树木盆景当中的合栽式和丛林式造型，都应该用于表现远景，就算是两棵树木合栽于一个盆钵之中，也要一大一小，小者用以表现远景。对于那些以一棵树制作的盆景来说，为表现深邃的意境，可以借助在盆钵内适当位置摆放类别、大小、形态适宜的小配件。

名称：**风华正茂**

树种：石榴

盆龄：15 年

参考价：8 万 ~10 万元

刚柔相济，曲直和谐

在盆景艺术当中，曲线表示蜿蜒起伏的柔性美，直线表示雄壮有力的刚性美。简单地说：曲为柔，直为刚。

一件优秀的盆景艺术品，应该刚柔相济。现在，很多人在盆景创作过程中偏爱曲；在选购树桩时，多以曲干为美，直干却很少有人问津。要知道，要是曲中再曲，就会显得整件作品软弱无力；要是直中有曲，刚中有柔，就会形成相互衬托的效果。这就是常说的曲曲直直，以曲为主，以直为辅。

盆景造型中的刚柔相济，不是说刚与柔、曲与直在每件作品中要平分秋色。一件作品，不是以刚为主就是以柔为主。不论偏刚偏柔，只要搭配得当，都能够成为一件好作品。

曲直、刚柔都是对立而又统一的。没有曲，就没有直；没有刚，就不可能有柔。在盆景创作过程中，不论是曲还是直，缺一不可。否则，就很难创作出精品。

名称：仙桥无度

树种：榔榆

盆龄：20 年

参考价：13 万 ~14 万元

色泽协调，反差适中

在盆景创作过程中，应该注意盆景色泽的协调性。盆景色泽的协调性，主要是指景物、盆钵、几架、配件的色泽搭配是否得当。追求盆景各部分色泽的协调，是盆景艺术创作的重要表现手法之一，因为景致色泽的刺激会使观赏者产生某种心理或情感的反应。

对于色彩情感（暖色、冷色、中性色）来说，每个观赏者都会因为年龄、性格、兴趣、修养、经历的不同，而产生兴趣差异。

对于组成盆景各部分的色泽来说，既要求有所变化，又要求反差不能太大。也就是说，既要有对比性，又要具备协调性。

名称：追风

树种：榔榆

盆龄：8 年

参考价：10 万 ~12 万元

微型盆景

以花草为主，缀以山石等小件配置而成。多采用文竹、虎耳草、吊兰、兰花、万年青、水仙、菊花、芭蕉、芦苇以及其他的闲花野草。微型盆景，小巧玲珑，精美别致，更注重整体艺术美的内涵。每一小组盆景的各种摆件需表现出各异的形态，并注意整体的布局。微型盆景玲珑有致、主题突出，能充分表达制作者的艺术构思和审美情趣。

名称：枯木逢春

树种：榔榆

盆龄：30 年

参考价：16 万 ~17 万元

名称：春风依旧

树种：卫矛

盆龄：26 年

参考价：14 万 ~16 万元

形神兼备，以形传神

不论是文学还是美术，我国历来都讲究形神兼备，以形传神。盆景的形，是指盆景外部客观形貌；神是指盆景所蕴含的神韵及个性。

为使盆景更具有典型意义，更具有普遍意义，必须运用去粗取精、夸张、变形、缩龙成寸等艺术手法，使创作出来的盆景比自然界的树木更浑厚雄健，进而自然入画。当然，在材料的取舍、变形等艺术加工过程中，要恰到好处，反之就会失去和谐之美。

名称：三足鼎立

树种：朴树

盆龄：20 年

参考价：18 万 ~20 万元

创作过程

搜集素材

　　搜集素材、积累经验是盆景创作的前提和基础。盆景艺术创作就像物质生产一样，第一步要做的就是搜集素材，否则创作就成为无米之炊。

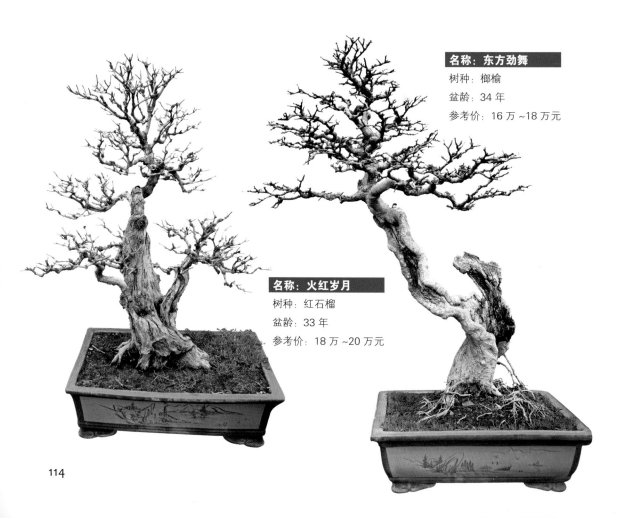

名称：东方劲舞

树种：榔榆

盆龄：34 年

参考价：16 万 ~18 万元

名称：火红岁月

树种：红石榴

盆龄：33 年

参考价：18 万 ~20 万元

名称：天地不相宜

树种：榔榆

盆龄：15 年

参考价：10 万 ~12 万元

盆景艺术素材的搜集，除了自培、选购树木坯材和山石材料外，更为重要的是去现实生活中搜集材料，对生活加以观察、体验、分析、研究，从而积累素材。这一段时间的长短不定，可能很短，也可能十分漫长。

巧妙构思

有了盆景艺术的创作素材和创作欲望，下一步就要进行艺术构思。

艺术构思是一项非常繁杂的脑力劳动，它建立在作者对生活的观察、对自然的感悟之上。在这个基础上，创作者对素材加以选择、提炼、组合，并融入个人思想、情感、愿望、理想等多种因素，最后就会形成艺术意象。

就盆景艺术而言，艺术构思就是我们常说的立意和构图，这一步骤在艺术创作过程中十分重要，属于中心环节。

名称：**黄金圣果**

树种：金豆子

盆龄：15 年

参考价：12 万 ~12.8 万元

立意

　　盆景创作的成功与否和立意的优劣有着直接关系。立意庸俗，那么创作出来的作品自然不可能有什么新颖之处，更不要说什么诗情画意了。

名称：**平凡岁月**

树种：榔榆

盆龄：20 年

参考价：13 万 ~13.8 万元

构图

　　盆景艺术创作中的构图就是根据主题思想和树木坯材、山石材料的特点，勾勒作品的一种形式。构图的目的是把内容和形式结合起来。盆景构图要充分运用形式美的规律和艺术的表现手法使作品形神兼备，情景交融。

　　在树木盆景创作的过程中，要考虑营造哪一类形式以及作品成功后的整体外貌，如景树的高矮，枝托的长短、大小，在什么部位配什么形状的枝托，等等。

　　盆景构图需要遵循以下原则：

　　（1）根据立意好的主题来确定构图方向，切忌游离于主题之外。

　　（2）依据题材的大小和树石材料的自然神韵来筹划有特色的构图，以宣泄感情，最终创造出具有鲜明特色的作品。

　　（3）在构图的时候，既要注重表现主体，又要处理好主体与附体之间的协调关系，使整体画面统一和谐。

　　总之，成功的构图往往来自创作者创造性的艺术构思，更取决于创作者的人生观以及对生活的深刻洞察力。

名称：笑口常开
树种：榔榆
盆龄：24 年
参考价：14 万 ~15 万元

名称：人造乾坤

树种：榔榆

盆龄：18 年

参考价：12 万 ~13 万元

进行艺术造型

　　盆景造型是盆景艺术制作的最后一个阶段，也是最重要的一个阶段，它是指创作者借助选定的树木、山石、摆件等材料和盆盎，运用形式美的规律和艺术表现手法，最终呈现作品的过程。盆景艺术造型的时间可长可短，短则一两年，长则数十年，甚至还有更长的时间。

　　一个盆景艺术家必须有熟练的艺术造型技巧，才可驾驭外在的材料，不至于因为它们不听命而受到妨碍。

　　盆景艺术造型的技巧主要有：树木盆景的截干蓄枝、枝法、修剪、蟠扎、雕饰、嫁接、露根、叶芽修整等；山石盆景、树石盆景的石块锯截、雕琢、组合、胶合等。

　　需要指出的是，盆景艺术作品造型不仅是一个技巧问题。虽然艺术造型不能缺少技巧，但更为重要的是，创作者要通过技巧来表现自己的内在感情。对于盆景创作者来说，不应仅仅关注盆景创作的技巧，不应停留于展示个人非凡的技巧，而是要通过艺术技巧的运用来彰显作品的意蕴。如果盆景作品没有表现出创作者的感情，就会失去鲜活的生命力和震撼人心的魅力。

作为一个盆景艺术创作者，必须具备勤奋学习的精神。在创作的过程中艰辛磨炼，加深领悟，精熟掌握艺术表现技巧，才能得心应手地创作盆景艺术。

创作树木盆景

树木盆景是指以木本植物为主，表现树木景观的盆景。这类盆景因多以老树桩为主要材料及主景，故俗称桩景。为便于国际交流及系统分类的统一，我们统称为树木盆景。

名称：**根繁叶茂正年华**

树种：金弹子

盆龄：15 年

参考价：3 万 ~6 万元

盆景与盆栽

盆景是在盆栽（盆植）的基础上发展起来的，但二者有根本的区别。盆栽只是将植物种在盆里，以供四时观赏，人们仅仅观赏盆栽的枝叶、花朵、果实等的颜色和形状而已。而盆景必须有精心制作的艺术造型，要表现出无穷的诗情画意，表现出令人心驰神往、浮想联翩的自然美。因此盆景又是创作者艺术情感的寄托与抒发，是其主观精神的表露。盆景是景致与情感的交融体，是自然美与艺术美的有机结合，是自然神韵的凝聚。

造型技艺

一株平凡的草木，之所以价值数万元，之所以能成为艺术品，是因为有盆景造型技艺的加工。在现实生活中，即使是再好的树坯或苗木，也很难完全符合盆景造型的要求。要使树坯或苗木变成盆景，就必须经过人为的加工。而加工的办法、部位和程度，就是盆景造型技艺的重要内容。

盆景造型的过程其实就是改变盆景植株生长的形态，对植株进行艺术加工的过程。盆景造型的方法有很多，如蟠扎、修剪、提根、抹芽、摘心等，其中以蟠扎和修剪最为常用。

选择树种

目前，适宜制作树木盆景的树种已达一两百种之多，通常可分为以下6大类。

名称：**无题**

树种：榔榆

盆龄：18 年

参考价：12 万 ~13 万元

名称：**捞月**

树种：榔榆

盆龄：18 年

参考价：15 万 ~16 万元

1. 松柏类

五针松：五针松因五叶丛生而得名。五针松品种很多，其中以针叶最短（叶长 2 厘米左右）、枝条紧密的大板松最为名贵。目前，五针松盆景已在中国各地普遍栽种。五针松植株较矮，生长缓慢，叶短枝密，姿态高雅，树形优美，是制作盆景的上乘树种。

黄山松：黄山松是由黄山独特的地貌、气候而形成的中国松树的一种变体。玲珑剔透的怪石、虬枝斜出的黄山松、浩瀚无边的云海、冬暖夏凉的温泉和十分美丽的冬雪堪称黄山美景之"五绝"。

罗汉松：罗汉松是松树的一种，又名罗汉杉、土杉、金钱松、仙柏、罗汉柏、江南柏。由于盆植罗汉松可供观赏，其木材可供建筑、药用和雕刻，所以价值很高。

锦松：锦松宜生长在海滨，阳性树种，稍耐寒，喜温暖湿润环境。在肥沃且排水良好的微酸性土壤里生长较好，非常适合制作树木盆景。

水松：水松是世界子遗植物，中国特有树种。水松雌雄同株，球花单生枝顶；雄球花有 15~20 枚螺旋状排列的雄蕊，雄蕊通常有 5~7 枚花药；雌球花卵球形，有 15~20 枚具 2 胚珠的珠鳞，托以较大的苞鳞，是制作树木盆景的上佳选择。

名称：**吾心唯君知**

树种：五针松

盆龄：30 年

参考价：18 万 ~20 万元

名称：玉树临风

树种：罗汉松

盆龄：20 年

参考价：13 万 ~13.8 万元

名称：青梅竹马

树种：榔榆

盆龄：20 年

参考价：14 万 ~16 万元

黑松：原产于日本及朝鲜半岛东部沿海地区，我国山东、江苏、浙江、福建等沿海诸省普遍栽培。黑松盆景对环境适应能力强，庭院、阳台均可培养。黑松不仅是盆栽的优秀植物，在园林绿化中也是使用较多的优秀苗木。

柳杉：树皮红棕色，纤维状，裂成长条片脱落；大枝近轮生，平展或斜展。属于常绿乔木，树姿秀丽，纤枝略垂，孤植、群植均极为美观，非常适合盆景根雕。

紫杉：世界上公认的濒临灭绝的天然珍稀抗癌植物，小枝到秋天变为黄绿色或淡红褐色，冬芽鳞片背部圆或有钝棱脊。

桧柏：常绿乔木，原产于中国及日本。桧柏的变种繁多，如铺地柏、龙柏等，均宜制作盆景。桧柏盆景，树干扭曲，势若游龙，枝叶成簇，叶如翠盖，气势雄奇，姿态古雅如画，十分耐观赏。

偃柏：因树形生长不规则，随地形偃生，故名偃柏。我国青岛、昆明及华东地区各大城市引种栽培做成观赏树。偃柏也是用来制作树木盆景不错的选择。

翠柏：常绿直立灌木，分布于云南中部及西南部，间断分布于贵州、广西及海南的个别地区。翠柏喜光，稍耐阴，较耐寒，在中性土壤、微酸性土壤、石灰性土壤中均能生长，制作盆景时要求用深厚疏松、排水良好的沙质壤土。

2.杂木类

榔榆：树形优美，姿态潇洒，树皮斑驳，枝叶细密，在庭院中孤植、丛植、或与亭榭、山石配置，或用于制作盆景，都很合适。

黄杨：常绿乔木，成熟时果皮自动开裂，橙红色种皮的种子暴露出来，满树红果绿叶，远看近观，颇有情趣，景色宜人。

柽柳：一名观音柳，又名西河柳。干不甚大，赤茎弱枝，叶细如丝缕，婀娜可爱。一年开三次花，花穗长两三寸，其色粉红，形如蓼花，故又名三春柳。

小叶女贞：女贞有大叶、小叶两种。小叶女贞是制作盆景的优良树种。它叶小、常绿且耐修剪，生长迅速，盆栽可制成大、中、小型盆景。老桩移栽，树条柔嫩易扎定型，一般三五年就能成型，极富自然情趣。

名称：**呵护**

树种：榔榆

盆龄：25 年

参考价：14.2 万 ~15 万元

雀梅：雀梅自古以来就是制作盆景的重要材料，为盆景"七贤"之一。雀梅在园林中可用作绿篱、垂直绿化的材料，也适合配置于山石中。它根干自然奇特，树姿苍劲古雅，是制作树桩盆景的重要树种，为岭南盆景中的五大名树之一。

名称：郁郁葱葱

树种：雀梅

盆龄：30 年

参考价：10 万 ~12 万元

朴树：喜肥厚湿润疏松的土壤，耐干旱瘠薄，耐轻度盐碱，耐水湿；适应性强，深根性，萌芽力强，抗风；耐烟尘，抗污染；生长较快，寿命长。为制作盆景的重要树种。

福建茶：在我国岭南派盆景的制作中，它是主要的品种之一，也可配置于庭园中观赏。由于其生长力强，耐修剪，闽粤一带也常种植作绿篱。

名称：昂首挺胸对世界

树种：朴树

盆龄：25 年

参考价：18 万 ~20 万元

名称：初起

树种：榔榆

盆龄：18 年

参考价：11 万 ~13 万元

名称：风华正茂

树种：榔榆

盆龄：18 年

参考价：17 万 ~19 万元

3. 叶木类

红枫：红枫是一种非常美丽的观叶树种，其叶形优美，红色鲜艳持久，枝序整齐，层次分明，错落有致，树姿美观，宜布置在草坪中央、高大建筑物前后、角隅等地。它也可盆栽做成露根、倚石、悬崖、枯干等样式，风雅别致。

银杏：银杏气势雄伟，选取姿势优美的银杏，加工制成盆景，将大自然中银杏的雄姿浓缩在盆盎之中，古朴幽雅、野趣横生，清供案头，怡情怡目。

棕竹：又称观音竹、筋头竹、棕榈竹、矮棕竹，为棕榈科棕竹属常绿观叶植物。棕竹株形紧密秀丽，叶色浓绿而有光泽，观赏效果极佳。配植于窗前、路旁、花坛、廊隅处，极为美观，也可盆栽装饰室内，或制作盆景。

凤尾竹：又名观音竹，原产于中国南部。凤尾竹株丛密集，竹干矮小，枝叶秀丽，常用于盆栽观赏，点缀小庭院和居室，也用于制作盆景或作为低矮绿篱的材料。

名称：游龙入水

树种：榔榆

盆龄：18 年

参考价：15 万 ~18 万元

名称：华盖

树种：桂花

盆龄：22 年

参考价：15 万 ~18 万元

4. 花木类

茶梅：茶梅是中国的传统名花，栽培历史悠久。茶梅可盆栽，摆放于书房、会场、厅堂、门边、窗台等处，倍添雅趣和异彩。

桂花：桂花终年常绿，枝繁叶茂，秋季开花，芳香四溢，可谓"独占三秋压群芳"。在园林中应用普遍，常作园景树，有孤植、对植，也有成丛成林栽种。在我国古典园林中，桂花常与建筑物、山、石配，以丛生灌木型的植株植于亭、台、楼、阁附近。

西府海棠：蔷薇科苹果属的植物，为中国的特有植物。西府海棠在北方干燥地带生长良好，喜光、耐寒、耐干旱、忌水湿。花色艳的海棠花有良好的观赏价值，一般多栽培于庭园供绿化用。西府海棠在海棠花类中树态峭立，似婷婷少女。花朵红粉相间，叶子嫩绿可爱，果实鲜美诱人，不论是孤植、列植还是丛植，均极为美观。

碧桃：又名千叶桃花，原产于我国北部和中部，世界各国均已引种栽培。喜阳光充足的环境，耐旱，耐高温，较耐寒，畏涝怕碱，喜排水良好的沙壤土。碧桃花大色艳，美丽漂亮，赏花期达 15 天之久。在园林绿化中被广泛用于湖滨、溪流、道路两侧和公园等地，在小型绿化工程如庭院绿化点缀、私家花园等常用，也用于盆栽观赏，还常用于切花和制作盆景。

5.果木类

金橘：又名金柑，属芸香科，是著名的观果植物。盆栽金橘四季常青，枝叶繁茂，树形优美。夏季开花，花色玉白，香气远溢。秋冬季果熟，或黄色或红色，点缀于绿叶之中，可谓碧叶金丸，扶疏长荣，观赏价值极高。

南天竹：南天竹是我国南方常见的木本花卉种类。由于其植株优美，果实鲜艳，对环境的适应性强，因此近些年常常出现在园林应用中。南天竹主要用作园林内的植物配置，作为花灌木，可以观其鲜艳的花果，也可作室内盆栽，或者观果切花。

紫金牛：紫金牛不但枝叶常青，入秋后还果色鲜艳，绿叶红果，经久不凋。它能在郁密的林下生长，是一种优良的地被植物，也可作盆栽观赏，还可作为盆景。

枸骨：又名老虎刺、猫儿刺、鸟不宿，其株形紧凑，叶形奇特，碧绿光亮，四季常青，入秋后红果满枝，经冬不凋，艳丽可爱，是优良的观叶、观果树种，在欧美国家常用于圣诞节的装饰，故也称"圣诞树"。

珊瑚樱：珊瑚樱的最大优点就是观果期长，浆果在枝上宿存很久。常常是老果未落，新果又生，终年累月，可长期观赏。尤其在严冬，居室里摆置一盆红艳满树的珊瑚樱，会使您的生活充满勃勃生机。

名称：飞升
树种：朴树
盆龄：20 年
参考价：12 万 ~14 万元

名称：秋耀金华
树种：金橘
盆龄：15 年
参考价：11 万 ~12 万元

127

6.藤本类

扶芳藤：生长旺盛，终年常绿，其叶入秋变红，是庭院中常见的地面覆盖植物，点缀墙角、山石、老树等都极为出色。其攀缘能力不强，不适宜作立体绿化。如果对植株加以整形，使之成为悬崖式盆景，置于书桌、几架上，将给居室增加绿意。

紫藤：属豆科紫藤属，是一种落叶攀缘缠绕性大藤本植物，干皮深灰色，不裂；花紫色或深紫色，十分美丽。

常春藤：常春藤是一种颇为流行的室内大型盆栽花木，尤其在较宽阔的客厅、书房、起居室内摆放，格调高雅、质朴，并带有南国情调，是一种株形优美、规整的新一代室内观叶植物。

名称：万众一心

树种：山紫藤

盆龄：20 年

参考价：13 万 ~13.8 万元

蟠扎

蟠扎是一种古老的园艺技艺，别致巧妙且复杂多变，技艺手法十分讲究。至于这种技艺到底起源于何时，尚待考证。根据材料和方法的不同，蟠扎可分为金属丝蟠扎和棕丝蟠扎。

盆景的点景

一是点石，某些树木盆景可以配置一些石料，构成具有山野情趣之画面。

二是贴石，某些树木盆景可能有某些缺陷，如树冠较大，树干（主干）较细，或者树木较高过直，刚多柔少。若在树下贴石一至数块，画面就会均衡自然。

三是点苔，树木盆景制作完毕后，在盆土表面铺设苔藓植物，表示山间之杂草，可使画面更具生气。

四是配件，树木盆景有时为突出主题，或为加强画面的自然气息，可在盆内设置一些配件，如亭、台、楼、阁、动物或人物等。

1.金属丝蟠扎

金属丝蟠扎多采用铁丝、铜丝或者铅丝。使用前，新金属丝需要放在火上烧，然后退火，其硬度会降低，容易弯曲。新金属丝烧后放在地上，不要用水浇，要自然冷却，否则金属丝会变硬。

用金属丝蟠扎时，应该注意以下几点：

（1）选择粗细适宜的金属丝

金属丝的粗细一般控制在以蟠扎枝条基部粗度的1/3为最好。金属丝过粗，蟠扎不灵活，也不美观，并且非常容易伤害树木；反之，金属丝过细，拉力不足，就不能达到所要求的蟠扎效果。

（2）固定好起点

在蟠扎的过程中，起点固定的好坏及方法直接影响蟠扎效果。要是固定得不牢固，金属丝就会在枝条上来回滑动，这样不但会使弯曲力量减弱，甚至还会损伤到树木的活动部位。固定方法应根据被扎枝干的具体情况灵活掌握，常用的方法有入土法、打结法、压扣法、枯枝法、挂钩法和双枝一丝法等。

（3）掌握好密度和方向

起点固定稳妥之后，用拇指和食指把金属丝和枝干捏紧，使金属丝和枝干成45°角，然后再拉紧金属丝

名称：风雨百年

树种：侧柏

盆龄：30 年

参考价：18 万 ~25 万元

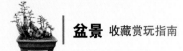
紧贴枝干的树皮徐徐缠绕。环绕的时候，要注意密度适当。不论是过疏或过密，还是疏密不均匀，蟠扎效果都会不佳。

此外，还要注意金属丝缠绕的方向，如果想要使枝干向右弯曲，金属丝应顺时针方向缠绕；如要向左弯曲，金属丝应逆时针方向缠绕。

（4）双丝缠绕

在蟠扎过程中，要是遇上较粗枝条而手头又无粗度合适的金属丝时，就应该采用双丝缠绕方法，以加强拉力。要是树干已用金属丝蟠扎，可在树干上相近的两根枝条上用另一根金属丝蟠扎，这样两根枝条之间的树干上就呈现双丝了。要注意的是，蟠扎树枝的金属丝在树干上的蟠扎方向必须和蟠扎树干的原金属丝的缠绕方向相同。

（5）蟠扎的顺序

用金属丝蟠扎的时候，要注意先后顺序，树干先，树枝后。枝条蟠扎的顺序是下部枝条先，上部枝条后。

（6）弯曲的方法

缠绕完成之后，假如需要将树干弯曲，应先弯树干，再弯树枝，并由下而上。弯曲树干的时候，千万不可用力过猛，否则很容易把枝干折断。要使弯曲部位

名称：**不畏天高**

树种：榔榆

盆龄：22 年

参考价：14 万 ~15 万元

名称：**翠盖如雪**

树种：侧柏

盆龄：30 年

参考价：13 万 ~14 万元

内侧无金属丝，而外侧正好在金属丝上，这样能对树干起到保护作用。

（7）全扎与半扎

所谓的全扎就是对树干及枝条都进行蟠扎；半扎就是树干原已具有一定形态，不需全扎，只对枝条进行若干蟠扎。

（8）蟠扎后的调整

枝干蟠扎弯曲工作完成后，就要从整体出发，对盆景形态不完美的地方进行一些调整。要是枝条太长，树形不美，可将枝条打弯改短，以获得理想的效果。

2. 棕丝蟠扎

棕丝蟠扎是一种古老的蟠扎方法，其出现先于金属丝蟠扎。蟠扎的时候，应该选用质地柔、有弹性、粗细均匀、比较长的新棕丝。

棕丝蟠扎的最大优点是棕丝的色泽和很多植物表皮的色泽相似，人工痕迹不明显，蟠扎后基本不影响美观。另外，这种蟠扎法成本较低、不传热，更不会伤害树木。现在扬州、苏州、成都等地的盆景创作者多用这种方法。

名称：**抱负**

树种：榔榆

盆龄：30 年

参考价：16 万 ~18 万元

名称：**遐想天庭**

树种：榔榆

盆龄：26 年

参考价：15 万 ~17 万元

名称：壮志凌云

树种：真柏

盆龄：26 年

参考价：13.8 万 ~15 万元

　　在蟠扎过程中，要是遇上较粗的树干，为防止将树干折断，应在蟠扎部位衬以麻筋，再用麻皮缠绕。要是一次蟠扎不能达到所需弯度，可进行多次蟠扎，使植株有一个逐渐适应的过程。通常情况下，第一次弯曲后 10 天左右再拉紧棕丝。

　　不论是金属丝蟠扎还是棕丝蟠扎，都应该遵循以下几个原则：

　　（1）对植物进行蟠扎，最好选择在树木休眠期或者生长缓慢期进行。对于那些落叶的树木，最好选在萌芽前，通常早春或晚秋较好。

　　（2）蟠扎最好在盆土较干时进行。要是刚浇完水或下过雨就进行蟠扎，由于根的固定力减弱，常常会造成树根的损伤。

（3）蟠扎对树木的生长十分不利，因此，对于长势不壮或上盆不久的树木，最好不要进行蟠扎。

（4）解除蟠扎的具体时间，应该根据不同种类、不同程度来灵活掌握。枝条比较柔软的迎春、六月雪、石榴等，蟠扎时间一般2~3年，稍微长一点儿。要是蟠扎物解除过早，就会造成枝干未定型就反弹回去的现象，虽有弯度，但会不理想。

修剪

修剪是树木盆景造型的重要方法，也是维护盆景造型和树形不可或缺的手段。修剪的主要目的是协调树木盆景各部分的合理生长，保持盆景的优美姿态，促进开花结果。

通常来说，修剪的间隔和时间因树木品种的不同而有所差别。落叶类树木一年四季均可修剪，春季可随时剪除病枝、枯枝和细弱枝，剪除或剪短徒长枝。通常来说，落叶类树木的修剪应该在落叶后的休眠期进行。这样，对枝干的去留和枝条剪口角度的正确处理都有利。

名称：傲立苍穹

树种：榔榆

盆龄：18 年

参考价：14 万 ~15 万元

　　修剪树木之前，要分清枝条芽眼的生长方向，以便正确取舍。通常来说，一根枝条在其左右两侧都有芽眼，假如要想使枝条向右侧发展，就在欲留枝条理想长度的右侧芽眼前方把枝条剪断。对一棵树来说，芽有顶端生长优势规律，枝条顶端的芽生长最快，在右侧芽眼的新枝生长后，就达到向右侧发展的目的了。

名称：天天向上

树种：山黄杨

盆龄：22 年

参考价：12 万 ~13 万元

1.疏剪

疏剪其实就是将不合理的、不适合整体造型的枝条修剪掉。把这些多余的枝条修剪掉，一来能够达到造型的目的，二来能够保证盆景本身通风、透光良好，便于将营养集中供给保留的枝条，使盆景花繁果硕。

修剪树木，不宜在紧贴树干处下剪，而应该根据枝条粗细的不同，保留0.5~1厘米的基部。这样才能使树干凹凸不平，显得古老苍劲。

名称：流崖飞渡

树种：榔榆

盆龄：28 年

参考价：15 万 ~16 万元

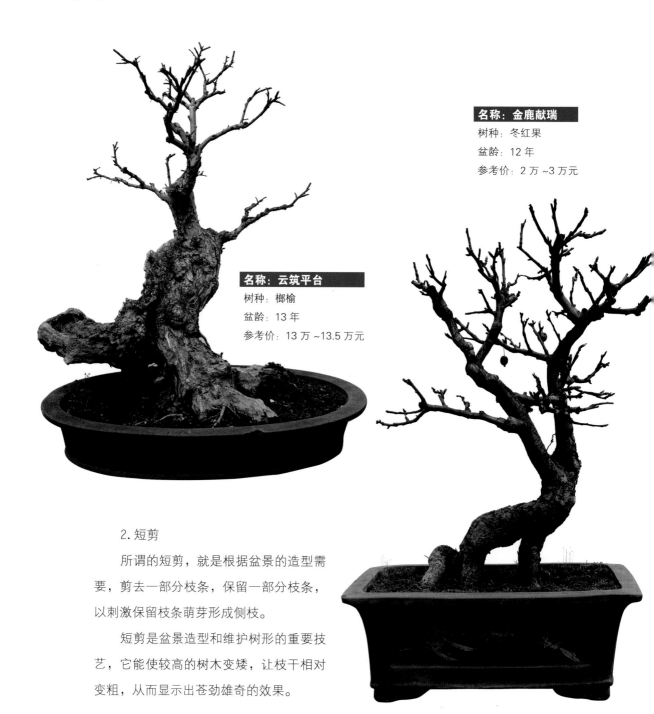

名称：金鹿献瑞

树种：冬红果

盆龄：12 年

参考价：2 万 ~3 万元

名称：云筑平台

树种：榔榆

盆龄：13 年

参考价：13 万 ~13.5 万元

2. 短剪

所谓的短剪，就是根据盆景的造型需要，剪去一部分枝条，保留一部分枝条，以刺激保留枝条萌芽形成侧枝。

短剪是盆景造型和维护树形的重要技艺，它能使较高的树木变矮，让枝干相对变粗，从而显示出苍劲雄奇的效果。

名称：卧虎盘龙

树种：榔榆

盆龄：12 年

参考价：13 万 ~14 万元

3.蓄枝截干

所谓蓄枝截干，是当盆景树木的枝干长到一定粗度后进行剪截，然后在枝干上选留角度位置合适的新枝，待这些新枝干蓄养到适当的粗度后再进行剪截，这样年复一年地再蓄枝再截枝使其逐步形成树冠。采用这种方法整形，枝干和叶比例恰当，上下匀称，枝干瘦硬如曲铁，树形顺其自然，"虽由人作，宛若天开"。

一般来说，蓄枝截干可通过抹芽、摘心、摘叶三步来达到预想效果。抹芽、摘心、摘叶是树木造型和保持树形的重要手段。通过这些手段，能够改变树形，减少不必要的营养消耗，从而使树木疏密得当，树形更加美观。

名称：排山倒海

树种：榔榆

盆龄：21 年

参考价：14 万 ~15 万元

名称：**勇攀高峰**

树种：榔榆

盆龄：25 年

参考价：14 万 ~15 万元

（1）抹芽

抹芽也叫掰芽，就是在果树发芽后至开花前，去掉那些多余的芽。此时芽子很嫩很脆，用手轻轻一抹，即可除去，故称抹芽或掰芽。抹芽的好处是：集中树体营养，使留下来的芽子可以得到充足的营养，更好地生长发育。

一些像梅花这样萌发力较强的植物，常常在主干或主枝上长出许多不定芽、叠生枝芽，要是不及时把这些芽抹去，不但会白白消耗许多养分，还会影响盆景的疏密程度，破坏树形，影响花蕾的生长。对于有些对生枝，不要等腋芽长成枝条后再剪除，应在嫩芽期就处理掉其中一个。

（2）摘心

摘心即打顶，是对预留干枝、基本枝或侧枝进行处理的工作。摘心的作用有两点：一是促进分枝，增加枝叶量，缓和幼树的长势，避免"冒大条"；二是促进盛果期树腋花芽的形成。摘心是根据栽培目的和方法以及品种生长类型等方面来决定的。当预留的主干、基本枝、侧枝长到一定果穗数、叶片数时，要将其顶端的生长点摘除。摘心可控制加高和抽长生长，有利于加粗生长，加速果实发育。

摘心宜在上午进行。如果是果枝，则应在最前端的 1 个花序前留 2~3 片叶子，这样既有利于果实生长，又可防止果实直接暴露在阳光下造成日灼。

（3）摘叶

盆景是一种造型艺术，要是整个盆景丛生密集，就难以看出其中的曲折、苍劲以及树干之美，尤其是岭南派的大树型桩景，稀疏有致的叶片往往更能衬托出枝干的奇特。因此，对于盆景艺术来说，摘叶是一项非常重要的技艺。

不同的植物，摘叶自然也不尽相同。好比榆树，最佳观赏时间是在新芽刚长出不久。因此，除春季外，应该在 7 月和 9 月把榆树的叶子全部摘掉，并施一次腐熟有机肥，使之很快长出新叶。这样，在一年当中就有三次观赏期，从而人为地提高了榆树盆景的价值。如果要去参加展览，可在展览前 20 天把榆树的叶片全部摘除，然后加强肥水管理。这样一来，展览期间会萌发出鲜嫩新叶，给人最佳的观赏感。

名称：临危不惧

树种：罗汉松

盆龄：15 年

参考价：11 万 ~12 万元

对于一些杂木盆景来说，对其摘叶还能够起到使叶片变小的作用。如荆条叶大且萌发力强，要是一年当中多次摘叶，叶片就会逐渐变小，最终展现出更加清秀的魅力。

竹类盆景四季常青，过密的叶片给人以臃肿之感，因此在摘叶之后方能显示出刚劲有力的风姿。

其他技法

树木盆景的造型技艺，除去以上几种之外，还有另外一些技法，下面就简单介绍一下：

1. 撕裂法

撕裂法就是用手代替剪刀对植物进行疏剪。其最主要的特点就是在疏剪的过程中连同树皮和部分木质部一起撕除，使树木露出一道木质沟槽。伤口在长好之后，就好似自然形成的沟槽，给人以古雅的感觉。

2. 撬皮法

撬皮法就是在树木的生长旺季用刀刺入树干皮层，轻撬几下，使树皮和木质暂时分开。当然也可在撬开的树皮内塞入大小适当的物体，然后用麻皮或棕皮缠绕包扎。等植物的伤口愈合之后，树干的局部就会膨大隆起，达到龙钟之态的效果。

名称：孤峰独立

树种：榔榆

盆龄：18 年

参考价：12 万 ~13 万元

盆景的价值判别

1. 盆的价值。如果所用的盆是古盆或名盆，或盆的质地好、材质珍贵，价值就大。

2. 盆景的用材价值高低。这取决于水石盆景中石材的珍贵程度，树桩盆景中树桩的稀、奇、古、怪程度。

3. 盆景的年代。年代越久，价值越大。

4. 盆景的意境。意境深邃高远者价值就大。

5. 盆景制作者的名望。盆景制作者名望越高，盆景的价值自然就越大。

名称：相依

树种：榔榆

盆龄：24 年

参考价：13 万 ~14 万元

3. 疙瘩法

疙瘩法一般用在枝干柔软的幼树上，在其主干出土不高处打一个结。然后稍加绑扎，经过几年的栽培修剪，就能形成优美别致的树木盆景。

4. 棍棒弯曲法

就是以粗细适宜的木棍、竹竿、铁棍、硬塑料管等棍棒为支架，根据造型设计，把幼树主干缠绕在支架上，使之弯曲成型。根据造型设计要求的树干形状和弯曲程度，可用一根、两根甚至三根棍棒巧妙地组合使用。由于铁管导热快，对树干生长不利，可在铁管表面缠绕布片、麻皮等物隔热。适用此法达到弯曲效果的树木，都是 2~3 年生的幼树；树龄长、主干硬的树木不宜采用。弯曲好后，用绳绑扎牢固，在养护期间对枝叶进行修剪造型。绑扎 1~2 年后，拆除棍棒，略经加工，就成为一件弯曲自然、婀娜多姿的树木盆景了。

5.剖干法

剖干法就是在树木的观赏面、树干中下部剖掉一块树皮；然后用刀或小凿子除去木质部 1/3 左右，结疤后露出凹状木质部，以显示树木盆景的古老奇特。但要记住，剖干不可过深，最深不能超过树干直径的 1/2；也不可过多，一般一株树剖干 1~2 处最好。反之，会影响树木的生长，最终形成"千疮百孔"的丑态。

6.去皮法

去皮法就是在树木盆景观赏面、树干中下部，竖向、形状不规则地除去一块树皮，露出木质部，待创伤愈合结疤后，树干便会显得苍老美观。

名称：高歌一曲

树种：罗汉松

盆龄：36 年

参考价：20 万 ~30 万元

名称：形影不离

树种：榔榆

盆龄：24 年

参考价：15 万 ~16 万元

名称：**三百年如一日**

树种：侧柏

盆龄：30 年

参考价：25 万 ~30 万元

7. 竖剖树皮法

有的树干平滑无老态，缺少美感。为此，春季可在树干上竖向剖割几刀，深达木质部，待伤口愈合后，树皮就变得粗糙而苍老了。

8. 折枝法

折枝法又可分为折而不断法和折枝留痕法两种。

（1）折而不断法

就是将欲折枝条先用金属丝缠绕，然后把枝条折断一半。折枝角度和部位视造型需要而定。一般一株树木只折一两枝，折枝曲线硬直而刚健，别开生面。川派桩景常用此法。

（2）折枝留痕法

就是在树木枝干欲折断的部位，先锯一条沟，深达枝条直径一半左右，然后连皮带木质部一起撕下。伤痕愈合后，宛如自然长成，形态美观。

9.劈干法

所谓劈干法，就是把植物的树干竖向劈开。劈干法根据造型要求的不同，操作又分两种：一种是把树根、树干一分为二，树冠不分，也就是下分上不分；另一种是将树根、树干及树冠都一分为二，也就是把整棵树都分开。

劈干法应该应用在生命力强的树种身上，如石榴、黄荆等，最好选择在春季进行。

树木盆景款式及制作

一件好的树木盆景作品，是自然界美的呈现。自然界中的植物千姿百态，即便是同一种植物，在不同环境之下呈现出来的形态也不尽相同。因此，每一棵树都有其独特的姿态。在这些千姿百态的形象中，不论老桩还是幼树，只有经过盆景创作者的加工，去丑留美，去粗取精，把自然和艺术结合在一起，方能创作出风姿绰约、古朴典雅的树木盆景。

名称：共同使命

树种：榔榆

盆龄：22 年

参考价：14 万 ~15 万元

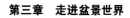

名称：伴

树种：榔榆

盆龄：20 年

参考价：16 万 ~18 万元

双干式

双干式是将一株双干树木或两株同种树木栽培在一个盆盎当中。栽种的时候，两干形态要富于变化。通常情况下，一大一小、一高一低、一俯一仰是最理想的搭配效果，切忌两干同粗、等高、形态相似。

要是两棵幼苗同时生长，那么当两棵幼苗生长到一定阶段的时候就要进行摘心处理，促进其分枝，使两棵树木枝条搭配得当，长短不一，达到疏密有致、自然生长的效果。

通常情况下，两棵树的距离要相对近一些，否则整个盆景缺乏协调性，有零散之弊，没有美感。在制作双干式盆景时，创作者一般将大而直的一株栽植于盆钵一端，小而倾斜的一株植在它的旁边，其枝条伸向盆钵另一端。

要是选用一大一小两株苏铁栽植于长方形或椭圆形盆钵中，就应该先把大株直立栽于盆钵一端靠近盆沿位置，然后将小株向前倾斜栽种于大株的后面。从而形成近大远小的布局造型，显得十分自然。

此外，还有一种双干式是采用树干都细而长的两棵树木，这样就会给人清瘦矫健的感觉。

名称：**大义凛然**

树种：榔榆

盆龄：24 年

参考价：13 万 ~14 万元

直干式

　　直干式树木盆景，主干通常挺拔直立，有些略有弯曲。通常选择在一定高度上进行分枝。直干式盆景树身虽小，却有一种顶天立地的气势，能够让观赏者精神振奋。直干式树木盆景，因其主干的直立性不能改变，所以其造型重点是枝叶。

　　不同树种枝叶的大小、间距、排列不同，因此，虽然是直立单干，但其中还是有很多变化。

　　制作直干式盆景，在选材时最重要的就是要选择那些枝条适于加工的树木。

　　对于直干式盆景来说，不论是圆形、椭圆形、长方形还是长八角形的盆钵，盆都宜浅不宜深。浅盆，才能够更大限度地衬托出树木拔地而起、直冲云霄的气势。但是，浅盆在一定程度上增加了管理困难。尤其是在炎热的夏天，要注意时常观察盆土干湿情况，勤于浇水。

假如在制作过程中选用长方形或长椭圆形盆钵，且植物种植在盆钵一侧，就会感觉有偏重现象。因此，可在盆钵的另一端配一块形态优美并与树木大小成适当比例的山石。这样一来，既能够达到平衡，又能够增加盆景的情趣，使盆景显得更加自然。

曲干式

所谓的曲干式，就是将树干自根部至树冠顶部回蟠折曲，使树干扭曲成游龙状，使枝叶层次分明，呈现自然产生的效果。"屈作回蟠势，蜿蜒蛟龙形"，便是曲干式盆景的生动写照。

制作曲干式盆景，加工的重点就是树干。通常情况下，曲干式盆景的树干弯曲弧度较大，因此最好选用2~3年生的幼树进行加工制作，树龄越长加工难度就会越大。要是能在野外直接取得自然弯曲的老桩，是最理想的结果。如果培育得当，当年就可大大提升观赏价值。

曲干式的造型过程一般是取幼树作为素材，经构图后，首先对其进行修剪，然后植于盆钵一端，待树木成活之后，再进行蟠扎造型。通常情况下，曲干式盆景都需要经过1~2年的培育方可定型，定型后，拆除蟠扎，便可观赏。

名称：望月

树种：朴树

盆龄：30 年

参考价：18 万 ~20 万元

盆景投资优势

现如今，和其他艺术门类相比，盆景属于冷门艺术。随着人们对盆景了解的不断加深，盆景的市场前景会越来越好。总的来说，盆景在南方比北方更受关注，因此北方盆景市场还是很有潜力的。随着国学热持续升温，人们越来越多地开始关注古代文人喜爱的艺术形式，而盆景艺术是集水墨画和园林景观于一体的独特造型艺术。现在从事盆景创作的艺人为数不多，如果收藏者独具慧眼，能买到优秀艺人的作品，并且能好好打理，那么所投资的盆景还是具有较大升值空间的。

名称：飘逸

树种：小青榆

盆龄：30 年

参考价：18 万 ~20 万元

斜干式

所谓斜干式盆景，就是将树木植于盆钵的一端，树身向另一端倾斜。在配置上，倾斜的树干不少于树干全长的一半。种植斜干式盆景，多选用单株，也有用两三株合栽的。整个盆景配置好之后，树干和盆面应该成 45° 角，主干直伸或略有弯曲，树冠常偏于一侧。这样一来，整个盆景就会显得虬枝横空、飘逸潇洒，十分具有画意。

在制作斜干式盆景的时候，经常选用福建茶、罗汉松、五针松、六月雪、榔榆、雀梅等。斜干式多用长方形或椭圆形盆钵，其中以较浅的紫砂盆钵最为美观。

要是选择在野外挖取老桩，就应该细心观察，选出适宜创作斜干式盆景的树桩。栽种的时候，应该注意树干与盆面的角度，因为覆盖树桩根部的土壤很少。种植后浇水，树干将进一步倾斜，这样就会影响整个盆景的效果。

为了保持树干和盆面之间的夹角不变，在定植完成后可在夹角处放置一块上水石作为撑垫。如用幼树制作斜干式盆景，可待幼树长到一定粗度时再进行蟠扎造型。

临水式

　　盆景艺术中所说的临水式，就是植物横出盆外但不倒挂下垂，宛如临水之木伸向远方。临水式盆景最大的特点就是枝叶分布较为自然。

　　制作临水式盆景，应注意选用主干出土不高即向一侧平展生长的树木素材。

　　要想制作临水式盆景，最好选用较深的圆形或六角形盆钵。只有选用的盆钵有一定深度，才能够衬托出主干伸向远方的临水之感。要是选用了浅盆，陈设时就应该把盆景摆放在较高的几架上。

名称：**翘首相望**

树种：榔榆

盆龄：26 年

参考价：18 万 ~19 万元

一本多干式

所谓一本多干式，就是树木超过三干者。一本多干式当中的树干多为奇数，以几根高低参差、粗细不等的树干形成前后错落的结构布局。

想要制作一本多干式树木盆景，首先应该对树木素材进行疏剪，然后把其栽入盆钵中，待树木成活后，再进行蟠扎造型。

在制作一本多干式盆景的过程中，一般多采用中等深度的圆形或椭圆形盆钵。一本多干式虽然由多干组成一个盆景，但其树冠除应高低错落外，还应呈不等边三角形，这样才能够体现动中有静的效果。

名称：峥嵘岁月
树种：榔榆
盆龄：26 年
参考价：18 万 ~20 万元

悬崖式

一般来说，悬崖式盆景的基部垂直，从总干开始向一侧倾斜，主干的树梢向下生长，其整个形态仿照自然界中生长在悬崖峭壁上的各种树木形态培育而成。

悬崖式桩景老干横斜，枝叶大部分生长在主干倾斜部分及下垂部分，好似悬崖倒挂，内蕴刚强，别有一番风味。

根据主干下垂程度的不同，悬崖式盆景可分为大悬崖和小悬崖。

主干下垂角度大、树梢超过盆底部者，称为大悬崖；主干下垂超过盆口，但树梢未超过盆底部者，称为小悬崖。

二弯半

所谓二弯半树木盆景，就是将树干从基部开始向一侧倾斜，然后反方向横拐形成第一个弯，横拐时树干略向前旋曲，再弯曲回来，扎成第二个弯，最后呈现 S 形，再扎半弯作顶。二弯半树木盆景枝叶多呈云朵状，一般左右两侧基本对称，在弯曲部各伸出一枝，半弯上结顶。

名称：气荡天涯

树种：针松

盆龄：24 年

参考价：13.8 万 ~15 万元

名称：脱颖而出

树种：榔榆

盆龄：30 年

参考价：16 万 ~17 万元

151

枯干式

枯干式盆景又被称为枯峰式盆景。山野中的一些树木，由于经常受到风吹雨打日晒，再加上多次砍伐，部分树干就会渐渐变得枯朽斑驳，甚至露出蚀空的木质部，好似一座嶙峋的枯峰。而部分枝干上却会萌发新芽，生机欲尽而神不枯，颇有枯木逢春、返老还童之意味，给观赏者带去鼓舞。

枯干式盆景的用盆没有特别固定，大多根据树桩的具体形态而选择相适应的盆。不过，不论选择什么样式的盆，有一点是相同的，即盆钵不可太深，用中等深度或较浅的紫砂盆为好，否则就衬托不出枯干苍古的奇特身姿。

名称：**托起一片情**

树种：黄杨

盆龄：20 年

参考价：15 万 ~16 万元

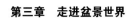

卧干式

卧干式盆景的树干主要部分横卧于盆面，就好像雷击风倒，又酷似醉翁寐地，而树冠枝条则昂然崛起，生机勃勃，非常富有野趣。

卧干式盆景的树木常种植在长方形盆体的一端，树干卧于盆中，将近盆沿时翘起，树冠变化颇多，整体协调美观。

卧干式盆景根据树干卧势的不同，分为全卧和半卧两种。全卧，树干卧于盆面，与土壤接触；半卧，树干虽横卧生长，但不和土壤接触。

名称：猢狲望月

树种：榔榆

盆龄：28 年

参考价：15.5 万 ~16.8 万元

名称：青翠欲滴

树种：侧柏

盆龄：30 年

参考价：15 万 ~18 万元

俯枝式

在空旷的山顶，常见到一种瘦长的幼树，遭受大风吹击，上半部树干折而不断，年久下垂，形成潇洒的姿态。把这种树木的自然景观借鉴到盆景造型中，称之为俯枝式盆景。俯枝式盆景制作的重点是俯枝的加工。要在树干上部选取生长健壮的侧枝进行蟠扎，俯枝下垂的角度以及下垂枝的长短，应根据树形的不同灵活掌握。

制作俯枝式盆景，宜用较浅或中等深度的盆钵。这样布局能够衬托出树干高耸、俯枝飘逸潇洒的风韵。

风动式

在众多造型中，风动式造型是唯一一种用来表现风的力量、速度以及与树木之抗衡的形式。它可分为顺风式和逆风式。

自然界中一些生长在风口地带长期被定向风吹袭的树木，干、枝顺应风势，形成一种固有的态势。风动式造型中，枝在风力的作用下顺风生长，但本能地出现抗衡的反作用。特别是在一些风势较为平缓的地方逆枝情况较为明显。风动式桩景是寓静于动、静中有动、无声胜有声的一种造型款式，其坚韧矫健的姿态，颇受人们喜爱。

名称：舒广袖

树种：榔榆

盆龄：18 年

参考价：14.8 万 ~16 万元

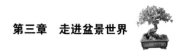

枯梢式

枯梢式盆景又称枯顶式盆景。这类盆景最大的特点是枝繁叶茂，但树干却已枯秃。那形象，就好比一棵挺立在石山上的青松，有老当益壮之感。

枯梢式盆景的造型程序，分为修剪、蟠扎、去皮、切剥四个步骤。

制作枯梢式盆景的树木，枯梢必须达到一定的粗度。要是枯梢太细，就不美观。

当树木长到一定程度的时候，就应该把树梢剪去一部分。根据造型要求，把梢顶的树皮去掉适当长的一段，再用小刀把去皮的树梢顶端削尖，使其呈自然由粗变细的状态。两株以上的枯梢式，应主次分明。若几株树木高矮、粗细、形态基本相同，这样的盆景就很呆板。

对于制作枯梢式树木盆景来说，不论是单株式、双株式，还是丛林式，最好选用中等深度的长方形或椭圆形盆钵。

名称：佛岸

树种：榔榆

盆龄：22 年

参考价：13 万 ~14 万元

名称：**居高临下**

树种：榔榆

盆龄：22 年

参考价：14 万 ~17 万元

名称：**凌寒花盛时**

树种：梅

盆龄：12 年

参考价：13 万 ~15 万元

提根式

提根式又称露根式。为了增加树桩盆景的艺术价值和欣赏情趣，对一般树根都要进行提根处理，使其基部显露一部分造型有力、稳健的根部，给人以苍古雄奇的审美意境。

无论怎样培育提根式树木盆景，在提根的同时都应对树木枝干进行加工造型。两者最好同步进行，使树根、树冠同时成型，上盆观赏。

垂枝式

制作垂枝式树木盆景常选用枝条多而柔软的树种，如迎春、柽柳等。采用以扎为主、以剪为辅的造型方法，使其所有枝条均呈下垂之状。

垂枝式盆景树木的主干可呈直干式、斜干式，也可呈曲干式。枝条形状柔软飘逸，给人以悠闲自得之感，别有一番情趣。

盆景的造型美

不同造型的盆景给人不同的感受，有的秀丽、曲折，有的雄奇、挺拔，总的来说，我们可将其分为秀美型和壮美型两类。秀美型盆景婀娜多姿、妩媚精巧，令观赏者感到惬意；壮美型盆景阳刚有力，给人奋发向上的感觉。两种造型各有千秋，难分伯仲。

名称：棒槌山的传说

树种：榔榆

盆龄：25 年

参考价：14 万 ~15 万元

制作垂枝式树木盆景，以选用中等深度或较浅的盆钵为好。深盆显现不出河塘溪流之滨的那种枝条轻拂、挑水逗波、柔和飘逸的风姿。

丛林式

丛林式盆景又称合栽式盆景，也就是把很多棵树木栽种在一个盆中，以表现山野丛林风光的盆景形式。

丛林式盆景多为同种树木合栽，不过也有两种以上树木合栽的情况。如"岁寒三友"盆景，就是把松、竹、梅三种植物合栽在一个盆中。几种树木合栽表现茫茫林海，富有山林野趣和特色。

在各种盆景造型中，丛林式盆景的制作方法并不是很难，对素材的要求也不是很苛刻。即便是树桩，只要大小适当搭配栽于一盆之中，很多时候也能够获得出人意料的效果。

一般来说，丛林式盆景的造型具有严谨构图和合理布局的要求。在制作盆景的过程中，植物的高矮大小应该不同，这样才能够达到形态有别、相映成趣的效果。

连根式

连根式盆景则模仿自然界的树木因受雷电、暴风和洪水等袭击，树干卧倒于地面，日后树干向下生根，枝叶向上生长形成树冠。有的树根由于经雨水冲刷，局部露出地面，在裸露部位萌芽，长出小树。

制作连根式盆景，应选择萌发力强、容易生根的树种。几根树干应高低错落，树干及枝条形状有所变化，方可相映成趣。制作连根式树木盆景，主要有两种方法：一种方法是栽培双干式幼树，把其中一干修剪、蟠扎后埋入土中，干上面的枝条长成小树，干的下面长根，两三年后拆除蟠扎的金属丝，便产生主客分明的效果；另一种方法是将幼树修剪、蟠扎后，在枝条背面刻一缺口，深达木质部，将枝条向上把树干埋入土中，经过几年的培养提根，即可成型观赏。

名称：金瓶似的小山

树种：榔榆

盆龄：20 年

参考价：13.5 万 ~14.5 万元

伪装式

伪装式盆景又称贴木式盆景。制作伪装式树木盆景，关键是选好枯树桩。根据枯树桩的大小、形态进行造型，可制成单干式、双干式或三干式。所用枯树桩，选择木质比较坚硬、纹理形态优美者为好。

这种盆景造型方式有两种：一种是在已枯死的形态奇特优美的树桩适当部位纵刻一裂沟，将幼树的树干嵌入沟内，外面用布类缠裹，再附木条或竹片，用绳扎紧，使嵌入的幼树树干固定不致外移，然后将枯树和幼树一起植入盆中养护。随着幼树的生长，树干和根部会渐渐长粗。这样一来，幼苗就会紧紧嵌入所刻的纵沟内，看不出挖刻的痕迹，整个枯桩好似仍然活着的苍老树木。另一种是自然生长的一些树木的树冠、枝叶看上去很美观，但是树干过于坚硬，难以加工；而有的树木，则枝干较细而无观赏价值。对于这些树木，可用已枯死树桩的一部分或全部，贴于树干部位，将其根扎入盆土中，使两者融为一体，扬长避短。

名称：梦里江南

树种：榔榆

盆龄：25 年

参考价：20 万 ~30 万元

这类盆景不但成型很快，并且形态优美。这样的盆景，只要制作巧妙，并且养育成活，就能够成为非常具有观赏价值的盆景。

树石式

树石式盆景又称附石式盆景。树石式盆景的特点是，树木栽种在山石之上，树根扎于石洞内或石缝中，有的抱石而生，它是将树木、山石巧妙结合为一体的盆景形式。

根据树木、山石体量大小的不同，树石式盆景又分为树木盆景和山水盆景两种。树大石小，也就是说观赏的重点是树木，山石只是起衬托作用，应划归树木盆景之列；石大树小，观赏重点是山石者，则应划入山水盆景的范畴。

文人树

现代文人树兴起于岭南派，其最大的特点是高耸、清瘦、潇洒、简洁。这种盆景，枝条都分布在树干 3/5 以上部位。为了弥补下部树干无枝光秃的不足，常把上部一较长的枝条蟠扎成基本呈垂直而下状，当枝梢下垂到一定程度时，枝

名称：**老骥伏枥**

树种：榔榆

盆龄：26 年

参考价：20 万 ~30 万元

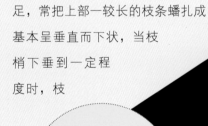

名称：扶摇直上

树种：朴树

盆龄：30 年

参考价：16 万 ~17 万元

梢翘起，使较长的直线枝条有了弯曲的变化。文人树能有效彰显创作者的个性，因此受到国内外不少盆景爱好者的青睐。

现在的文人树可分为两种：第一种树干出土不高即有弯曲，树干虽多次扭曲，但弯曲度不太大，当达到一定高度时，主枝扭曲转而下垂；第二种树干高耸、挺拔直立，从树干基部到树梢呈笔直状，有的树干上部有轻度弯曲。

名称：别开生面

树种：榔榆

盆龄：15 年

参考价：13 万 ~16 万元

名称：本是同根生

树种：丹桂

盆龄：25 年

参考价：18 万 ~20 万元

中国盆景很多造型理论是借鉴中国画理论的，文人树也是如此。中国画有工笔画和写意画之别。写意画寥寥几笔即把所描绘景物或人物的神韵表现出来，为文人所兴，故称文人画。追根溯源，宋代画家的古松画法和古柏画法，可谓是文人树的发端。

名称：春华秋实

树种：山里红

盆龄：20 年

参考价：10 万 ~12 万元

第四章

盆景艺术赏析

盆景艺术的意境

任何一种艺术，其意境不会只有一两种。盆景艺术也一样，有着多重意境。但从大的方面来说，盆景艺术的意境主要包括下面两层含义。

名称：开襟抒怀

树种：山桑

盆龄：20 年

参考价：13 万 ~15 万元

名称：瞻前顾后

树种：榔榆

盆龄：25 年

参考价：16 万 ~17 万元

情景交融的审美境界

"神与物游"，这是盆景意境呈现出来的一种情景交融的审美境界。盆景艺术既有传神的形象，又有丰富的情感，是客观实物和主观精神相融的产物，是情与景、意与境的有机结合。王国维在《人间词话》中说："境非独谓景物也。喜怒哀乐，亦人心中之一境界。故能写真景物、真感情者，谓之有境界。否则谓之无境界。"宗白华在《美学散步》中讲："艺术家以心灵影射万象，代山川而立言，他所表现的是主观的生命情调与客观的自然景象交融互渗，成就一个鸢飞鱼跃、活泼玲珑、渊然而深的灵境。这灵境就是构成艺术之所以为艺术的'意境'。"

在情与景交融的盆景艺术中，景是基础，情是主导；景是情的载体，没有景，就不可能有艺术形象，情就没有寄托的地方。情是盆景艺术的灵魂，创作者造景是为抒发相应的情，化情思为景物。要是一件作品当中没有情，作品就缺乏深邃的意蕴，更缺乏耐人寻味的意境。

"言有尽而意无穷"的深层意蕴

在我国传统美学当中，有一个非常著名的命题——言有尽而意无穷。就盆景艺术而言，这里的"言"便是艺术语言，具有时空有限性；"意"就是意蕴，可以无限生发，具有时空无限性。

名称：岁月留痕

树种：侧柏

盆龄：30 年

参考价：14 万 ~15 万元

盆景投资的特殊性

盆景与书画、瓷器、家居等藏品不同，不是只要保证它不受潮、不磕碰、不变形就可以了，盆景是一种有生命的艺术品。投资盆景，其实是一个参与盆景创作的过程，也可以这样说，一个好盆景取决于盆景自身的客观条件加上收藏者个人的另类创作精神，是合二为一的。如果投资者能把盆景呵护好，注重其个性，它的升值空间是不可估量的。

名称：听风

树种：侧柏

盆龄：30 年

参考价：15 万 ~16 万元

　　在创作盆景艺术的过程中，为了克服造型上的时空局限，盆景创作者往往会运用散点透视、虚实相生、拟人借喻等手法，在创作中获得更多主动权，从而使作品在有限的空间中发挥无限的意境，使欣赏者能够从有限的艺术形象中领悟无限真谛。从这个层面而言，意境的最终完成主要是通过创作和欣赏的结合来达到的。在整个艺术创作过程中，创作者是将无限表现为有限，将百里之势浓缩于咫尺之间；而欣赏者则是从有限窥视无限，于咫尺间体味到百里之势。因此，音乐有"弦外之音"，诗词有"言外之意"，书法有"笔外之韵"，绘画有"画外之情"，雕塑有"象外之旨"，而盆景艺术则有"景外之境"。

　　也许，我们可以这样来概括：盆景艺术的意境是从情景交融中领悟到"景外之境"的一种精神自由的审美境界。

盆景艺术欣赏的特点

　　盆景艺术欣赏，是指由欣赏盆景艺术作品而展开的一连串的再创造活动。在盆景艺术欣赏过程中，盆景艺术作品是观众进行欣赏的对象，作品的艺术形象则是欣赏者进行审美再创造活动的客观依据。在艺术欣赏中，欣赏者并不是消极地接受，而是积极主动地进行再创造活动。由于欣赏者的这种创造活动是凭借盆景艺术作品而展开的，因此被称为审美再创造。

　　如果一件盆景艺术没有人欣赏，那么盆景艺术的审美认识作用、审美教育作用、美化生活作用、审美愉悦作用便实现不了，盆景艺术作品的价值也无法展现。盆景艺术作品把可感知的艺术形象呈现在欣赏者面前，欣赏者在接受这可感知的艺术形象的同时，可凭借着自己的想象，依据个人的修养，对其加以丰富、补充，进行审美再创造。

名称：**舒广袖**

树种：侧柏

盆龄：30 年

参考价：16 万 ~17 万元

名称：荒野嗓鸦

树种：榔榆

盆龄：20 年

参考价：13 万 ~14 万元

　　盆景艺术欣赏并不是一个对盆景艺术作品简单、被动地接受的过程，而是一个再创造的过程。盆景艺术在创作过程中会留有很多"不确定性"和"空白"，这也就是我们平常所说的"象外之旨""景外之境"。

　　对于那些盆景艺术创作过程中留下的"不确定性""空白"，欣赏者可以在欣赏过程中通过联想、想象等多种手段去补充、丰富、拓展，使之上升到新的高度。

　　由于每个欣赏者的文化修养、审美趣味、生活经历、性格气质等各不相同，对同一作品的理解存在差异，因此欣赏者所补充、丰富、拓展的内容，因人而异，各式各样。

　　但是，欣赏者的欣赏过程是凭借盆景艺术本身而展开的，因此在再创造的时候就不能脱离作品，天马行空。

盆景 收藏赏玩指南

同盆景艺术创作一样，盆景艺术欣赏也是人们在审美活动中的自我实现和自我肯定。欣赏者在欣赏盆景时，总是会根据自己的艺术修养、生活经验、思想情感、兴趣爱好以及审美理想对作品中的艺术形象进行再加工创造。

创作者在创作盆景艺术时，在自身本质力量对象化的创作过程中能够获得无比的喜悦；同样，欣赏者在审美再创造的过程中，通过发挥智慧和才能，得以将自己的本质力量对象化到欣赏客体之中，从而获得强烈的欣赏之美。

名称：**轻歌曼舞**

树种：山葡萄

盆龄：15 年

参考价：13.5 万 ~15 万元

培养盆景艺术欣赏能力

马克思说过："如果你想得到艺术的享受，那你就必须是一个有艺术修养的人。"作为一种再创造活动，盆景艺术欣赏者想要在盆景创作者的基础上进行再创造，就必定要具备一定的艺术修养和欣赏能力。

摒弃功利包袱

有的人下马看花，品味艺术美；有的人走马观花，看外形，获取"艺术初感"；有的人看经济效益，估算价值……这是因为欣赏者的审美态度有着重要的能动作用，心态不同，欣赏效果也就不同。

总的来说，盆景艺术欣赏者在欣赏过程中可能会出现两种心态：一是"扬众抑己"，带着对艺术的真诚与追求，通过寻觅、探索、交流，从中学习借鉴；二是"扬己抑众"，带着功利心去欣赏一件作品。

可想而知，带着功名利禄的包袱，很难欣赏出作品真正的美。因此，在盆景艺术欣赏的过程中，欣赏者一定要注意培养正确的审美心境和审美态度。

名称：回娘家

树种：榔榆

盆龄：28 年

参考价：13 万~15 万元

名称：金蝶狂舞

树种：蝴蝶枫

盆龄：30 年

参考价：20 万 ~25 万元

开阔眼界

《文心雕龙》中说："凡操千曲而后晓声，观千剑而后识器；故圆照之象，务先博观。""博观"，对盆景欣赏而言，就要多看和盆景有关的东西。看多了，心中也就有了比较，有了鉴别。"观千剑而后识器"，在这样的前提下，艺术修养自然就能够得到培养和提高。

没有人一生下来就具备高水平的艺术修养，每个人的艺术修养都是经过后天的长期实践而养成的。和其他艺术形式相比，盆景艺术作品有着直观性，因此，直接接触和感知盆景艺术作品对于提高盆景艺术修养有很大帮助。

在实践中，要最大限度地欣赏优秀作品。优秀作品之所以优秀，是因为其比较充分、强烈地体现了盆景艺术的特征。从名人的优秀作品中，我们能够对盆景艺术的特征有深刻的体会，从而获得衡量盆景艺术作品优劣高下的修养。

欣赏盆景佳作，不仅需要欣赏、学习国内艺术，也应研究、借鉴国外优秀作品，以此来开阔眼界和提升水平。

名称：**举步维艰**

树种：榔榆

盆龄：18 年

参考价：13.5 万 ~15 万元

提高文化素养

培养和提高盆景艺术修养离不开文化知识，相对来说，文化修养高的人对其提高艺术欣赏力有很大帮助。因此，想要提高自己的盆景艺术欣赏能力，就应该掌握大量的知识。

积累生活经验

盆景艺术修养的培养，脱离不了生活实践和阅历。盆景艺术创作离不开生活，盆景艺术欣赏同样离不开生活。在欣赏作品的时候，欣赏者总是在自己生活经验的基础上去感受、体验以及理解盆景艺术。相对来说，一个盆景欣赏者生活经验越丰富、深厚，对盆景艺术的审美欣赏就越深刻、全面。

盆景艺术欣赏的心理特征

　　庄子有过这样一句话："万物与我为一。"庄子认为，人只要抱着超功利态度，就能够实现"物"和"我"合二为一，"我"自然也就能够达到一种"物化"的状态，从而获得精神的自由和美。欣赏者在欣赏盆景艺术的过程中，摒弃功利心，会和作品呈现出来的情景有感情上的共鸣，"身与物化""物我同一"，"物"与"我"，融为一体。

名称：举棋不定

树种：榕树

盆龄：36 年

参考价：28 万 ~30 万元

　　《庄子》中有一个庄周梦蝶的故事："昔者庄周梦为蝴蝶，栩栩然蝴蝶也。自喻适志与！不知周也。俄然觉，则蘧蘧然周也。不知周之梦为蝴蝶与？蝴蝶之梦为周与？周与蝴蝶则必有分矣。此之谓物化。"

　　庄子运用浪漫的想象力和美妙的文笔，通过对梦中变化为蝴蝶和梦醒后蝴蝶复化为己的事件的描述与探讨，提出了人不可能确切地区分真实与虚幻和生死物化的观点。就美学的观点来看，庄周梦蝶揭示了审美心理活动中普遍存在的现象。所谓"物化"，物我一体，在审美中是存在的，没有它就没有审美。

　　因此，在对盆景艺术进行欣赏时，了解一下盆景艺术欣赏的心理特征能帮助我们获得更好的欣赏体验。

名称：老桂新芳

树种：金桂

盆龄：20 年

参考价：16 万 ~18 万元

在对盆景艺术进行欣赏的时候，需要欣赏者具有一定的欣赏能力。这种欣赏能力，在心理学上被称为心理结构，它包含注意、感知、联想、想象、情感、理解等多种基本因素。

注意、感知、联想、想象、情感、理解等心理因素不是机械地相加或简单地堆积，而是相互渗透、相互影响、相互交织、相互融合，最终形成一种动态的艺术审美心理结构。盆景艺术欣赏是多种心理因素的综合活动过程。

名称：思远

树种：榔榆

盆龄：18 年

参考价：13 万 ~15 万元

名称：**酒醉崖阴下**

树种：榔榆

盆龄：20 年

参考价：13 万 ~14 万元

注意

注意是审美心理一个重要的因素，指向性和集中性是其两大特点。指向性，其实质是一种选择性，即把景物从众多景物中挑选出来；集中性，是指欣赏者在欣赏盆景的过程中，会把所有的心理要素集中到一棵树木或者一块石头等景物上。

注意的产生，有主客观两个方面的原因。主观原因是欣赏者的心境、兴趣、经验、态度等；客观原因是景物的特点，如奇特鲜明、新颖别致等。注意是整个盆景欣赏过程的初级阶段，要求欣赏者的整个心理进入一种特殊的审美注意状态，从而能够更好地投入到审美心理状态中，进而从实用功利态度转变为审美态度。

名称：**登高望远**

树种：黄杨

盆龄：15 年

参考价：12 万 ~14 万元

感知

在整个盆景艺术欣赏过程中，感知是欣赏的心理基础，它包含简单的感觉和较复杂的知觉两个层次。

感觉，即客观事物直接作用于人的感觉器官，然后在人脑中所产生的反映。欣赏盆景艺术时，必须从作品的线条、形态中获取信息。因此，感觉是盆景艺术审美感受的基础。

知觉，既是在感觉的基础上对景物的综合判断，也是一个由感性到理性的过程。

名称：飞升

树种：朴树

盆龄：20 年

参考价：15 万 ~16 万元

名称：硕果

树种：金豆子

盆龄：30 年

参考价：18 万 ~20 万元

在审美当中，感觉和知觉合称为感知。感觉是知觉的基础，知觉是感觉的深化。在盆景艺术欣赏过程中，两者互相渗透，共同发挥作用。

联想

联想，就是看到一个景物之后想到另外一个景物，然后又想到其他景物的心理活动过程。好比看到树木发芽盆景，便想到冬去春来，然后再由冬去春来想到万物复苏；看到一个小桥流水的盆景，想到田园风光，接着想到乡村生活。

名称：**逢春**

树种：榔榆

盆龄：35 年

参考价：20 万 ~22 万元

联想在审美过程中时时发生，通过联想不仅使作品艺术形象更加鲜明生动，而且还能够使作品的内容更加深刻，从而领会到作品深层次的意蕴。

想象

在盆景艺术欣赏中，想象占有很重要的地位。由于盆景欣赏是一种再创造的活动，因此欣赏者并不是消极、被动地接受，而是运用想象在作品艺术形象的基础上积极、主动地再创造。

盆景创作者离不开想象，而盆景欣赏者也离不开想象。欣赏者必须充分发挥自己的想象能力，才能够使自己进入真正的欣赏境界，充实与丰富作品的艺术美，取得审美再创造的愉悦。

盆景艺术欣赏中的联想和想象，必须以艺术形象为依据，不可随意驰骋。

情感

欣赏盆景艺术，一些审美的联系都需要情感作为中介。通过情感，才能把在盆景艺术欣赏过程中产生的一系列联想、想象统一起来。

世界上没有无缘无故的情感，生活当中的我们常常能够触景生情。盆景艺术欣赏也是，任何一个欣赏者对于艺术形象的感知和接受，都会受到情感的影响。因此，在盆景艺术欣赏过程中，要注意培养内在情感。

名称：**十里飘香**

树种：金桂

盆龄：20 年

参考价：13 万 ~16 万元

名称：**红豆生南国**

树种：榕树

盆龄：15 年

参考价：15 万 ~18 万元

理解

　　理解是逐步认识事物的一个过程。在盆景艺术欣赏中，理解是情感体验和欣赏判断的结合，是感性和理性的结合。感觉到的东西，我们无法立刻理解它，只有理解了的东西才能更深刻地感觉它。

名称：**春暖花开日**

树种：紫藤

盆龄：30 年

参考价：18 万 ~20 万元

　　《盆景》一书的出版，实属偶然的事情。随着中国改革开放继续深入，国力增强，盆景这门古老的艺术迎来了春天，并逐步走进寻常人家的庭院、厅堂。自然是美的，这种美接近永恒，接近心灵。人与自然、人与艺术的和谐共存，是人类展延的必然，今天承蒙新世界出版社的厚爱，让本书得以呈现在广大盆景爱好者面前，是缘分也是创作者和编辑辛勤劳动的结晶。再次深深地感谢给予本书帮助及提供相关资料的朋友及工作人员，没有他们的热情劳作和帮助，也就没有本书的诞生。

收藏赏玩指南　**盆 景**

总 策 划

王丙杰　贾振明

责任编辑

张杰楠

排版制作

腾飞文化

编 委 会（排序不分先后）

林婧琪　邹岚阳　高生宝

阎伯川　吕陌涵　夏弦月

向文天　玉艺婷　鲁小娴

责任校对

姜菡筱　宣 慧

版式设计

叶宇轩

图片提供

黄 勇　高生宝　李宇航　张 敏

http://www.huitu.com

http://www.microfotos.com